KB153679

도시의
재구성

도시의 재구성

음성원 지음

쉼 없이 진화하는 도시 르포르타주

이데아

우리의 도시, 서울은 어디로 가고 있는가?

내가 사는 서울은 어떤 곳인가? 나는 지금 어떤 공간에서 살고 있는가? 이 질문에 대해 뭐라고 설명하면 좋을까? 쉬운 질문 같지만, 막상 답을 찾으려고 보니 쉽지 않았다. 공간의 성격에 대해 잘 알아야 했고, 그러려면 그 공간을 구성하는 물리적 형태인 건축은 물론 그 건축물들을 구성하는 토대인 도시계획에 대해서도 알아야 했다. 그뿐 아니라 그곳에서 살고 있는 사람들이 어떤 식으로 행동하는지에 대해서도 알아야만 했고, 이들의 행동에 영향을 주는 사회경제적 요소에 대해서도 파악해야 했다.

나는 2014년 초에 서울시 출입 기자로 일하기 시작하면서 본격적으로 도시문제에 뛰어들었다. 도시에 대해 알고 싶다는 욕구는 있었지만, 서울이라는 거대도시를 알려 주는 매뉴얼은 전혀 없었다. 있을 리가 없었다. 애초에 그런 것을 찾으려 했던 것 자체가 우스운 일이다. 그 수많은 분야를 모두 이해했을 때에야 도시를 안다고 말할 수 있을 텐데 말이다. 이 엄청난 분야를 시작한다는 두려움도 없지는 않았지만, 일단은 궁금한 것이 너무 많았다. 그러니 쏟아지는 궁금증을 풀어 보기 위해 하나씩 알아보는 수밖에 없었다.

도시문제는 융합적이다. 도시계획과 건축에 대한 지식만으로 접근할 수 없고, 마찬가지로 사회학적인 고민만으로도 부족하다. 나는 이 융합적인 일을 하는 데는 기자라는 직업이 매우 적격이라고 생각했다. 모든 분야의 전문가들과 교류하며 이 주제 저 주제를 매우 적극적으로 뒤섞어 낼 수 있기 때문이다.

서울시에는 훌륭한 스승들이 있었다. 공무원들은 제 분야의 전문가였다. 훌륭한 교수들과 건축가들도 있다. 전화를 걸어 물어보면 친절히 알려 주었다. 내 호기심은 순조롭게 풀리는 듯했다. 다만 문제가 하나 있었다. 하필 지금, 서울과 세계의 대도시는 격변기에 접어들고 있다. 성장과 모더니즘, 개발을 토대로 구성된 대도시는 글로벌 금융위기 이후 '뉴 노멀(새로운 표준)'로 바뀌는 혼란스러운 시기에 직면해 있다. 특히 서울은 그 변화상이 격하게 나타났다. 한국전쟁 이후 폐허에서 모더니스트들의 개발로 빠르게 성장한 이 도시는 그 자부심만큼이나 높다란 저성장의 절벽에 직면해야만 했다. 재개발에 실패한 수많은 뉴타운은 갈 길을 찾지 못한 채 방황하고 있었다. 그러다 보니 자연스럽게 서울이라는 도시, 세계의 주요 도시에서 벌어지고 있는 변화상에 관심을 갖게 되었다.

이 격변의 시대에 도시를 공부하겠다고 뛰어든 것 자체가 어쩌면 무리였을지도 모른다. 나는 도시의 역사와 개발의 논법은 물론 현재 변화하는 모습과 곧 다가올 미래의 트렌드에 대해서도 고민하지 않을 수 없었다. 시대가 시대인지라 전문가들 역시 혼란스러워했다. 무엇인지도 잘 모르면서 너도나도 도시재생을 떠들어댔고, 사업을 벌였다. 재생을 해야 하는 합리적·경제적 이유는 제시되지 않고 당위만 넘쳐났다. '옛것을 보존해야 한다'든가 '마을 공동체를 구축해야 한다'는 식의 당위 말이다.

나는 결코 이러한 당위의 가치를 부정하지는 않는다. 오히려 그것을 지향해야 한다는 데 공감한다. 그러나 문제는 지금 이 시점에는 이런 가치만 강조해서는 될 일도 안

된다는 데 있다. 합리적 이유 없이 '정치적 올바름'만을 강조하면 오히려 적지 않은 부작용만 나타날 가능성이 크기 때문이다. 정치적 올바름에 환멸을 느끼게 된 대중이 어떤 일을 벌였던가. 2016년에 미국은 도널드 트럼프를 대통령으로 뽑았고, 그보다 앞서 영국은 유럽연합European Union, EU에서 탈퇴했다. 이에 대한 해석이 분분하지만, 그 다양한 해석에는 한 가지 공통분모가 있다. 바로 경제 문제다. 인간의 원초적 문제를 해결하지 않고서는 그 어떤 미사여구로도 정치적 올바름은 보완될 수 없다. 개발이 좌절된 주민들에게는 그 마음을 어루만져 줄 대안을 먼저 주어야 한다. 그런 대안 없이 이들에게 옛것이나 공동체를 강조해 봐야 아무 소용 없는 일이다. 반감만 불러일으킬 뿐이다. 경제적 이득을 얻을 수 있다는 환상은 깨지고 비루한 일상만 남아 있는데, '옛것이 좋은 것이여!'라고 강조해 봐야 아무런 의미가 없다. 지금 이 시대에 왜 개발이 아닌 재생이 대안이 될 수밖에 없는지 복잡한 계산을 잘 풀어내어 적정한 수익률을 내어놓는 아름다운 '산수'를 보여주어야 한다. 나는 이 지점을 건드려 보고 싶었다.

젠트리피케이션gentrification도 마찬가지다. 시대적으로 왜 젠트리피케이션 현상이 나타날 수밖에 없는지에 대해 합리적으로 설명하고 싶었다. 젠트리피케이션이 일어나면 세입자가 쫓겨나고 안타까운 일이 벌어진다는 감성적 설명을 뛰어넘는 냉철한 현실 인식이 필요하다고 보았다. 젠트리피케이션은 결코 감성적으로 접근할 문제가 아니다.

우리 도시 서울의 미래 모습을 확인할 수 있는 첫 열쇠가 바로 젠트리피케이션 현상에 담겨 있다. 1~2인 가구가 50퍼센트에 이르고, 2018년이면 (65세 이상이 전체 인구의 14퍼센트를 넘어서는) 고령사회로 접어드는 우리 사회는 저성장에 맞닥뜨려 있다. 그에 대응해 고령층을 비롯한 개인들은 가장 비중이 큰 자산인 부동산을 소비재가 아닌 생산재로 바꾸려고 무던히 노력한다. 그 노력은 이미 2011년부터 통계로 나타났고, 2015년에는 정점을 찍었다. 한국감정원에 따르면, 2015년 단독주택 매매 거래량은 12만 9065건으로 전년 대비 25퍼센트 증가했다. 통계를 집계한 2006년 이후 최대 규모였다. 아파트 매매 증가율(14.04퍼센트)보다 높은 수준이다. 이는 투자 대상 주택이 아파트에서 단독주택으로 넘어갔다는 것을 뜻한다.

그렇다면 이 단독주택이란 것은 무엇을 뜻할까? 바로 젠트리피케이션의 첫 단추가 되는 건물을 말한다. 상가주택으로 변할 가능성이 있지만 아직은 변하지 않아 값이 저렴한 주택이 바로 이 통계에 잡혀 있는 단독주택이다. 상가주택으로 변할 수 있느냐는 바로 도시의 중심지가 될 수 있느냐에 달려 있다. 젠트리피케이션은 이런 복합적 흐름 속에서 나타나고 있는 현상이다.

아울러 저성장은 기업에서 탈락하는 중년들을 무수히 양산해 냈다. 통계청에 따르면 2016년 말 기준 자영업자는 무려 479만 221명에 이른다. 전체 인구의 10퍼센트에 이르는 수준이다. 그럼에도 소득은 변변치 못하다. 2016년, 전체 자영업체 가운데 절반 이상 (51.8퍼센트)의 연 매출액이 4600만 원이 채 되지 않았다. 연 매출 1200만 원 미만인 자영업체도 전체의 21.2퍼센트에 달했다.● 창업 비용, 임대료, 인건비 등을 감안하면 손해 보며 장사하는 경우도 상당수 있다는 뜻이다.

저성장의 흐름에서 한쪽은 건물을 매입해 상가를 만든다. 또 다른 한쪽은 그 상가에 입주해 자영업을 꾀한다. 이 절묘한 트렌드는 '건물주 대 세입자'의 구도, 양극화라는 극명한 대비를 만들어 냈다. 그리고 언론에는 '세입자의 눈물'과 같은 감성적 호소가 가득 찼다. 하지만 피해자 현황을 알아보는 데 그쳐서는 안 된다. 어디에서 젠트리피케이션이 나타나고 있는지, 그 흐름의 끝은 어느 방향을 향하는지 반드시 알아야 한다. 이 현상이 의미하는 바를 이해해야 한다.

우리는 세계의 많은 대도시에서 중심지로 인구가 쏠리는 현상을 목격하고 있다. 바로 도시화 현상인데, 도시 안에서도 중심지로 몰리고 있다. 특히 상가 건물에 투자하는 사람은 사람이 몰리는 곳, 즉 유동 인구가 많은 곳에 투자를 해야 적당한 수익률을 챙길 수 있다. 아울러 최종 목표가 상가주택이더라도 아직은 상가가 되지 않은 단독주택을 구입하는 것이 더 효과적이다. 여기서 젠트리피케이션의 첫 단추가 꿰어진다. 결국 젠트리피케이션은 도시의 중심이 옮겨 가는 과정을 꽤 정확히 보여주는 지표라고도 할 수 있다.

단독주택을 상가주택으로 바꾸는 데는 재생건축이 적격인 경우가 많다. 전체 지역을 불도저로 밀어 버리고 새로 지어 거대한 용적률을 만들어 내봤자, 그만큼 소화해 낼 유동 인구가 유입될지 알 수 없다. 이 불확실성의 시대, 저성장의 시대에 재생건축은 기존에 가지고 있는 자원만을 이용해 적은 비용으로 최적의 효과를 낼 수 있다.

한편 젊은이들은 중심지에 대한 선호 현상이 다른 어

• 〈자영업체 21%는 월 100만 원도 못 벌어…지난해 1만 2000개 순감〉, 《중앙일보》, 2016년 12월 22일, http://news.joins.com/article/21031394.

떤 세대보다 강하다. 네트워크를 이루고 서로의 아이디어를 구하고자 하는 열망은 새로운 세대의 특징이다. 도시의 중심에서는 사람이 많다 보니 교류가 일어나고 혁신이 나타난다. 아울러 부작용도 나타날 수밖에 없다. 임대료 상승과 내몰림 현상이 그것이다. 한편 그와 동시에 이런 부작용을 극복하고자 하는 노력도 등장하고 있다. 그것이 바로 '코리빙' 트렌드다. 코리빙은 셰어하우스나 공유주택, 공동체주택 등의 각종 용어를 한데 버무린 영어 단어다. 전 세계 사람들이 코리빙을 원하고 있다면, 단지 당위론에 그쳐서는 안 된다고 생각했다. '함께 살아 좋다'는 감성적 접근을 뛰어넘어 그들이 코리빙을 지향하는 합리적 이유를 찾고 싶었다. 나는 그것을 밀레니얼 세대의 특성에서 찾았다. 교류를 원하며 세계 무대를 자기 집처럼 여기는 코즈모폴리턴cosmopolitan. 이들은 집을 하나의 서비스로 여기고, 다른 사람들과의 교류를 위한 수단으로 생각한다.

이런 가운데 테크놀로지는 빠른 속도로 발전하며 우리 삶에 영향을 주고 있다. 우리는 모두 엄청난 컴퓨팅 파워를 담고 있는 모바일 디바이스를 손에 쥐고 다닌다. 스마트폰은 우리 삶의 형태를 바꾸고 있다. 수많은 사람들이 몰려 있는 중심지는 이 스마트폰이 가진 힘을 극대화한다. 네트워크에 연결된 개인이 서로 가진 자원을 나눠 쓰고 교류할 수 있는 토대가 되기 때문이다. 그것은 자연스럽게 공유경제를 불러온다. 이 테크놀로지와 밀레니얼 세대의 결합은 도시에 어떤 영향을 주게 될까?

도시를 구성하는 큰 영역 가운데 하나인 교통 분야에서는 자율주행차가 세상을 바꾸려 하고 있다. 자율주행차 역시 개인의 손에 스마트폰이 있기 때문에 적용 가능하다. 스마트폰의 네트워크를 이용해 언제든지 부를 수 있기 때문이다. 자율주행차는 차량 공유 서비스를 극적으로 늘려 나가게 될 것이다. 그리고 그것은 결국 차량 소유의 감소로 이어지게 될 것이다. 개발 시대에 자동차만을 위한 도시가 구성되며 사람들이 소외되었다면, 이제 더욱 발달한 기술은 다시 자동차가 아닌 사람들을 위한 도시, 걷기 좋은 도시로 변화하는 동력이 되려 하고 있다. 우리는 그 기회를 잡아야만 한다.

이 책은 내가 도시에 대해 공부하며 떠올린 수많은 질문에 답을 찾아 나가는 과정이다. 우리가 살고 있는 이 도시를 재구성할 가장 큰 동력을 나는 저성장과 도심지 집중 현상, 그리고 밀레니얼 세대로 보았다. 저성장은 필연적으로 저금리를 잉태하고, 도심지 집중 현상은 고밀도와 주거 불안을 유발하는 동시에 강한 네트워크와 교류를 가능케한다. 자원이 부족하다 보니 재활용 가능성이 재평가된다. 그 와중에 사람들의 문화적 감수성은 정점으로 치닫고 있고, 기술 발전은 빠르게 우리 삶에 영향을 주고 있다. 이 모든 것을 담을 수 있는 키워드를 네 가지로 압축했다. 바로 젠트리피케이션, 도시재생, 코리빙, 테크놀로지다. 이 핵심 키워드로 책을 구성했다.

첫째, 젠트리피케이션은 이미 벌어지고 있는 일이다. 이 키워드에서 발견할 수 있는 사실은 서울이라는 도시에서 어떤 방향으로 쏠림 현상이 나타나고 있다는 것이다. 중심지의 재편 현상과 저성장, 저금리 시대에 도시가 적응하는 과정이 너무나 빠르다 보니, 수많은 부작용이 드러나고 있다. 이 현상을 짚어 보았다.

둘째는 도시재생이다. 젠트리피케이션이 도시 공간의 재편이라는 거대한 흐름을 보여준다면, 도시재생과 재생건축에는 그 흐름에서 미시적으로 이루어지는 숱한 고민이 녹아 있다. 땅과 돈이라는 자원이 부족한 시대에 우리로 하여금 도시라는 물리적 형태를 재구성할 수 있게 하는 방안이 바로 재생건축이며 도시재생이다.

셋째는 코리빙이다. 도시 중심지로 밀집되는 현상은 세계 어느 곳에서나 벌어지는 일이며, 그것은 서울에서도 마찬가지다. 도시의 중심지가 재편되는 과정에서 도시인들은 과거보다 더 중심지를 향하려 할 것이다. 수요가 집중되면 당연히 비용이 높아지고, 그 높은 비용을 상쇄하는 유일한 방법이 바로 코리빙이다. '함께 살기'라는 표현으로는 최근의 트렌드가 품고 있는 실용적 의미를 모두 담아내지 못해 부득이 코리빙이라는 영어 표현을 그대로 썼다.

넷째는 테크놀로지다. 밀도 높은 중심지에서는 공유경제가 꽃핀다. 도시의 고밀도는 컴퓨터 프로세싱 능력이 탁월한 모바일 기기를 손에 쥔 인류와 함께 '스마트 도시'로 바뀌는 토대로 작동한다. 밀도가 높을수록 규모의 경제가 작동할 수 있고, 좀 더 비용 효율적일 수 있다. 이렇듯 서로가 네트워크를 이뤄 공동의 일을 벌이는 도시의 장점이 극대화된다면 어떤 세상이 열릴지 살펴보았다.

글은 뒤로 갈수록 현재에서 미래 쪽으로 순차적으로 배치했다. 여기서 한 가지 덧붙이고 싶은 말은, 가장 뒤에 올 미래라 생각한 '테크놀로지가 만드는 도시'는 상상의 이야기가 아니라는 점이다. 이미 현실화되고 있고, 산업구조 역시 새로운 테크놀로지의 시대를 위해 이미 재편되고 있다. 언제부터 우버와 에어비앤비가 글로벌 기업이었나? 최근 몇 년 사이에 이들 기업이 등장해 글로벌 시장을 장악했듯이, 앞으로 몇 년 사이의 변화도 빠르게 나타날 것이다. 그리고 그것은 우리가 충분히 예측할 수 있다. 내가 쓴 글은 '미래 도시의 증거들'이라 말해도 무방할 것이다.

다만, 예측하는 데 그쳐서는 안 된다. 이런 변화를 정확히 이해하고 받아들일 것은 받아들이되, 우리가 미세 조정할 수 있는 요소를 찾아내 좀 더 살기 좋은 도시로 만드는 노력을 해야 한다. 수많은 미래의 변화 속에서 비전을 찾아내는 일은 나의 과제이기도 하고, 도시에서 살아가는 여러분의 몫이기도 하다.

한편, 이 책을 마무리할 때쯤 내 신상에도 커다란 변화가 왔다. 11년 이상 기자로 살아온 나는 이제 에어비앤비에서 일하게 되었다. 트렌드의 변화를 관찰자로서 지켜보다 보니, 에어비앤비 같은 공유경제 업체에서 한 번쯤 관찰자가 아닌 행위자로서 일해 보고 싶다는 욕구가 컸다. 이 책에도 에어비앤비에 관한 내용이 들어가긴 하지만, 입사 전에 모든 원고 작업이 마무리되었다는 점을 알리고 싶다.

"아침에는 발이 넷이고, 낮에는 발이 둘이며, 저녁에는 발이 셋인 것은 뭘까요?"

이 전형적인 수수께끼를 처음 들으면 참으로 헷갈릴 수밖에 없다. 기괴한 생물을 떠올리게 하는 이 질문에 대한 답은 이미 잘 알려져 있다시피, 바로 인간이다. 일본의 철학자이자 종교학자인 나카자와 신이치中澤新一는 수수께끼에 대해 다음과 같이 설명했다.

"수수께끼는 평소에는 멀리 떨어져 있는 것들을 갑작스럽게 접근시키려는 시도를 합니다. 도저히 풀 수 없는 어려운 수수께끼에서는 질문과 대답의 이미지가 서로 멀리 분리되어 있는 상태가 오랫동안 지속됩니다. 그 질문에 대해 멋진 답이 주어진 순간 그 둘 사이에는 급격한 접근이 이루어집니다."●

● 《신화, 인류 최고의 철학》, 나카자와 신이치, 김옥희 옮김, 2003년, 동아시아.

나는 어쩌면 도시의 미래에 대한 수수께끼를 던지고 있는지도 모른다. 젠트리피케이션과 재생건축, 코리빙, 테크놀로지라는, 어떻게 보면 서로 동떨어진 이미지를 가지고 있는 단어를 한곳에 던져 놓았으니 말이다. 독자들이 이 책을 읽은 뒤, 이 네 단어의 조합이 도시의 미래를 설명하는 '멋진 답'이라고 인정해 주길 바라며 글을 썼다.

젠트리피케이션과 관련해 큰 도움을 준 신수현 님, 재생건축과 도시재생에 대해 이해할 수 있게 풍부한 사례를 제공하며 도와주신 김종석 쿠움파트너스 대표님, 원고 진행에 항상 관심을 가지고 도움을 주려고 애쓴 〈한겨레〉의 조수경 님, 리뷰를 해준 〈한겨레〉의 김원철 기자님에게 감사 인사를 드리고 싶다. 무엇보다 이 책의 내용에 대해 공감하고 출간을 선택해 주신 이데아의 한성근 대표님, 이 모든 과정을 묵묵히 지켜봐 준 아내와 딸, 어머니가 없었다면 이 책은 출간되지 못했을지도 모른다. 깊이 감사드린다.

차 례

젠트리피케이션이
보여주는
새로운 흐름

"건물은 꼭 돈이 전부 있어야 살 수 있는 게 아니야"

등기부등본으로 자본의 흐름을 엿보다

부동산 쏠림은 누가 주도하는가?

서울의 중심이 이동하고 있다

젠트리피케이션이 화두로 떠오를 수밖에 없는 시대

'임차인 사회'의 도래

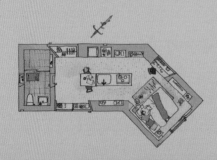

젠트리피케이션은 자본 흐름의 동력에 대해 설명하는 도시 용어다. 많은 사람들은 젠트리피케이션을 '예술인이 동네를 부흥하면 임대료가 뛰고, 그에 따라 그 예술인들은 도리어 동네를 떠나야만 하는 상황'으로 정의한다. 이와 같은 사례는 뉴욕 맨해튼에서 쉽게 찾아볼 수 있다.

냉장고가 없던 시절 육류 가공공장이 밀집해 있던 미국 뉴욕 맨해튼의 미트패킹 지구는 시대가 바뀌면서 쇠락의 길을 걸었다. 빈 공장이 많아 동성애자 대상의 나이트클럽이 들어섰고, 주변 환경을 개의치 않는 젊은이들이 싼 임대료에 매력을 느껴 모여들었다. 이들은 디자이너 같은 창조적 직업을 가진 경우가 많았다. 이들 덕분에 미트패킹 지구에는 점차 독특한 분위기가 생겨났다. 이곳을 찾는 사람들도 늘어났다. 이어 신흥 패션 디자이너들이 속속 들어서며 패션과 문화의 중심지로 떠오르기 시작했다. 1985년 이곳에 문을 열어 쇠퇴한 미트패킹 지구의 부흥을 이끈 프랑스 식당 플로렌트*는 이곳의 상징

* 마돈나, 위노나 라이더, 키스 해링, 캘빈 클라인, 데이비드 보위, 케이트 윈즐릿, 존 F. 케네디 주니어, 메릴린 맨슨, 에단 호크 등 수많은 유명 인사들이 이곳의 단골손님이었다.

이었다. 그러나 플로렌트는 2008년 6월에 식당 문을 닫아야 했다. 동네가 인기를 끌면서 임대료가 크게 올랐기 때문이다. '스스로의 성공에 의한 희생자'라는, 도시 분야의 대표적인 격언으로 풀이할 수 있는 젠트리피케이션 현상의 대표적 사례다.

2014년 이후 한국 사회에서 젠트리피케이션은 어려운 학술 용어가 아니라 일상적인 용어처럼 쓰일 정도로 유명해졌다. 여러 언론에서 보도하고, 학계에서도 활발하게 연구되고 있다. 지금 젠트리피케이션이 생소하다고 느끼는 사람은 거의 없다. 그런데 과연 우리 사회에서 나타나고 있는 젠트리피케이션은 미트패킹에서 나타났던 바로 그 현상과 같은 것일까?

이 질문에 답을 하려면 질문을 이렇게 바꿔 보아야 한다. 자본의 흐름을 이끌어 낸 동력이 과연 예술인들일까? 이 질문에 답하려면 먼저 예술인의 범위에 상인들까지 포함해 생각해 보는 게 나을 것 같다. 갤러리와 공방은 물론 1970~80년대에 지어진 단독주택이나 오래된 빌라를 리모델링했을 때 느낄 수 있는 특유의 정감, 창발적인 메뉴와 마케팅 등이 서울의 '뜨는 동네'를 구성하는 중요한 요소로 떠올랐기 때문이다.

그렇다면 젠트리피케이션은 상인들에 의해 시작되며, 그 여파로 상인들이 '스스로의 성공에 의한 피해자'가 되었다고 볼 수 있다. 그런 까닭에 젠트리피케이션 논의의 초점은 상인들에게 맞춰져 있고, 상가임대차 문제가 젠트리피케이션의 본질처럼 여겨지고 있다.

젠트리피케이션을 상가임대차 문제로 다루는 사이에 우리는 뭔가 더 중요한 것을 놓치고 있는 것이 아닐까? 많은 예술인들이 임대료가 비싼 홍대를 떠나 문래동으로 들어갔다. 문래동이라고 임대료가 오르지 않은 건 아니지만, 연남동이나 망원동처럼 폭발적인 젠트리피케이션 현상이 나타났다는 소식은 듣지 못했다. 을지로에도 예술인들이 독특한 공간을 만들며 '힙한' 문화를 만들고 있지만, 이곳에서도 본격적인 젠트리피케이션 현상은 나타나지 않고 있다. 도대체 어떤 차이가 있는 걸까? 젠트리피케이션이라는 현상을 둘러싸고 있는 커다란 흐름을 분석하면, 지금 우리가 겪고 있는 도시 공간의 변화 과정을 알아챌 수 있다. 여기서는 '자본을 끌어들이는 동력이 예술인(상인)인가, 아니면 다른 것인가?'라는 질문에 대한 답을 논의한다. 사실 젠트리피케이션은 우리에게 도시의 큰 그림을 보여주는 주요한 현상이다. 젠트리피케이션이라는 용어가 한국 사회의 도시적 맥락 속에서 어떻게 자리 잡고 있는지를 파악하면, 우리 도시 공간이 어떻게 바뀌어 가고 있는지 알 수 있다. 앞으로 보게 될 내용은 수많은 사람들의 생각이 조금씩 바뀌며 확장하는 도시의 중심지에 대한 이야기다. 사람들의 생각은 모이고 모여 자본의 쏠림으로 이어지고, 그것은 하나의 현상으로 비화된다. 그 현상이 바로 젠트리피케이션이며, 또 한편으로는 도시의 중심이 어떻게 변화하느냐에 대한 이야기이기도 하며, 우리 사회가 '임차인 사회Rentership Society'●로 진입했다는 상징으로도 볼 수 있다.

"건물은 꼭 돈이 전부 있어야 살 수 있는 게 아니야"

2016년 여름, 홍대 유지들과 모임을 마치고 나온 건물주 이아무개 씨는 자신의 건물에 들러 공사 상황을 지켜보았다. 거리와 맞닿은 부분을 수리하는 작은 공사였다. 그는 2011년 홍대 거리의 중심인 주차장 골목 쪽 422.5제곱미터(129평)의 토지에 자리 잡고 있는 빌딩을 매입해 성공적으로 운영하고 있었다. 1953년생인 그는 이제 동네 문화 사업에 조언

● 임차인 사회라는 신조어는 미국의 투자회사 모건스탠리가 2011년 7월 20일 낸 보고서의 제목이다. http://www.morganstanleyfa.com/public/projectfiles/5bee89b1-94ce-45b5-b4b6-09f0ffdc626a.pdf.

을 하며 제2의 인생을 즐기고 있었다. 건물주가 빌딩을 매입한 계기를 듣는 것은 쉽지 않은 일이다. 지금까지 젠트리피케이션에 대한 논의는 대부분 세입자들 중심으로 이루어져 왔을 뿐, 건물주의 목소리는 찾기 어려웠다. 쉽게 만나기 어려울뿐더러 만난다 하더라도 인터뷰에 응할 가능성이 낮기 때문이다. 하지만 '건물주의 이야기도 알려져야 하지 않느냐'며 설득한 끝에 그를 홍대의 한 카페에서 만날 수 있었다.

"20대 때 우리집은 축산업을 했어. 그때 축산업이면 꽤 좋았지. 나는 고시공부를 하고 있었고. 스물일곱 살 때인가, 아버지가 중풍에 걸리는 바람에 공부를 중단해야 했어. 그래서 내가 축산업을 이어받았지. 우리는 부모님 세대와 달라서 공부하는 세대니까, 영양학이나 질병학 같은 책들을 사오고 체계적으로 했지. 그러니 빠르게 성장할 수밖에. 2년이 지나 스물아홉 살이 되었던 차에 서울에서 서점을 하던 매형이 서점을 처분하려 하기에 하나를 인수했어. 그때 서점 인수 비용이 2000만 원이었는데, 당시에는 아파트 한 채 가격이었다. 하지만 뭐, 소 몇 마리만 팔면 서점 정도는 살 수 있었지."

그는 서점을 인수하면서 처음으로 건물주와 관계를 맺게 되었다. 하지만 처음에는 오히려 축산업에 집중했다. "둘 다 하니까 정신이 분산돼 골치 아프더라고. 그래서 서점을 정리하고 축산업을 하려고 경기도에 큰 땅을 샀어. 그런데 그렇게 하려니까 돈은 더 벌지 몰라도 촌놈이 되겠다 싶더라고. 왜냐하면 시외로 나가게 되는 거니까."

그래서 다시 서점을 구해 도시로 들어갔다. 당시 서점은 호황기였다. 동네마다 요지에는 서점이 자리 잡고 있을 때였다. 학생이 한 집에 네다섯 명씩 되었다. 20~30년 전 최고의 업종이었던 서점은 이제 찾아보기 힘들 정도다. 서점이 자리하고 있던 자리에, 지금은 휴대전화 판매점이 자리하고 있다.

어쨌든 그는 1987년 민주화 바람을 타고 정치에도 뛰어들었다. 본격적인 정치라기보다는 서점연합회의 지역 지부장 자리를 맡는 정도였다. 그는 그때의 활동으로 대통령 직선제를 이끌어 낸 이야기를 꺼내며, "자부심이 평생을 간다"고 말했다. "나는 이 나라가 민주화하는 데 기여를 했다"고도 했다. 나는 건물주가 된 이야기를 듣기 위해 다시 재촉해야만 했다.

"내가 다른 사람과 다른 게 있었어. 어느 날인가 같은 세입자였던 치과 의사가 쫓아와서, '건물주가 하루가 멀다 하고 임대료를 올리는데, 우리가 합세해서 올리지 말자고 합시다'라고 하더라고. 그래서 딱 거절을 했어. 나는 항상 건물주에 대해 감사한 마음을 갖고 산다, 그래도 건물 덕에 내가 장사해서 돈 벌어 먹고살지 않느냐, 찾아오지 말라고 했지. 내가 좀 독특하지? 사실 건물주는 매년 임대료를 올렸는데, 나는 그분이 무리하게 올리지는 않았다고 생각해서 거의 백 퍼센트 수용했던 거야. 그러던 어느 날이었어. 집 주인이 불러서 갔더니만 돈이 필요하다며 향후 2년 동안은 올리지 않을 테니까, 올해 좀 많이 올려 달라는 거야. 월세보다는 보증금을 많이 올렸지. 그런데 나는 오히려 보증금으로 저축했다는 마음으로 흔쾌히 응했지. 그것도 그거고, 세입자 예닐곱 명 중에서 나만 올려 달라는 대로 계속 (임대료를) 올려 주니까 고맙게 생각했던 것 같더라고. 어느 날 부르더니 이 건물을 팔아야 하는데, 나보고 사라고 하더라고. 그래서, 어휴 제가 무슨 돈이 있어서 건물을 사느냐고 했더니, 아니래. 몰라서 그러는데, 건물은 돈 전부 가져야 사는 게 아니라고 하는 거야. 그때 2억 원짜리 아파트가 한 채 있었고, 건물주에게 맡긴 보증금이 2억 원 있었고, 현금이 2억 원 총 6억 원이 있었어. 그런데 그 건물 가격이 13억 원이었어. 세입자들 보증금 빼고 대출을 4억 원 정도만 받으면 살 수 있다는 거야. 그래서 '어휴, 대출을 4억 원이나 받으면 이자를 어떻게 감당합니까'라고 물었지. 그러니까 월세 나오니 그걸로 해결할 수 있다는 거야."

그는 이런 생각을 그전에는 한 번도 해보지 못했다고 했다. "노하우 다 전수해 주고, 돈 부족하면 증서 하나 없이 조금씩 갚으라고 하더라고. 그런 사람이 어디 있어요. 아마 내가 항상 고마운 마음으로 사니까, 그분도 나한테 신뢰를 갖고 그렇게 잘해 준 것 같아. 그 건물도 싸게 준 것 같아."

그렇게 그는 서울 용산 100평 땅에 있는 건물의 주인이 되었다. 그는 이렇게 말했다. "항상 모든 사람들에게 양심을 가지고 잘해 줄 때 더 큰 것으로 돌아와. 그것이 성공의 비결이지." 그의 이후 삶의 여정도 흥미롭지만, 개인 정보를 그대로 드러낼 우려가 있어 생략하기로 한다.

다시 홍대 쪽으로 무대를 옮겨 보자. 그는 "건물을 바탕으로 안정적인 수입"을 얻고, 이를 토대로 다양한 사업을 펼칠 수 있었다. 나름대로 성공을 거둬 100억 원 정도의 자산도 얻게 되었다. 그때가 1990년대 중반이었는데, 주식시장이 활황이었다. "현대중공업이 몇 배로 뛰고 그럴 때야. 회사를 통해 주식 투자를 했는데, 1년 사이에 90억 원을 투자해서 추가로 번 돈이 130억 원이었어. 법인세 30억 원 내니, 내 자산은 200억 원이 되더라고…… 아, 그때 빠져나왔어야 하는데 말이야."

1997년 IMF 외환위기를 거치며 그는 본전에서 20억~30억 원 정도 줄어든, 작은(?) 돈만 챙기고 주식시장에서 나와야 했다. "욕심의 한계가 주식 투자에서 나타나더라고. 그때 주식 투자는 위험하다고 생각했지. 그러면 뭘 해야 할까. 역시 가장 안정된 사업은 부동산이라는 결론이 나오더라고. 13억 원 주고 산 용산 건물에서는 안정적인 임대료 수입이 나오니까. 크게 벌지는 못해도 부동산 투자를 하자고 마음을 잡은 거지."

"그때 부동산 투자는 세 가지로 나뉜다고 생각했어. 주택, 오피스, 상가건물 이렇게. 그때 나는 주택이 이미 포화되고 있다는 느낌을 감지했지. 주식을 하니까 세계적인 경기라든가 국내 경기라든가 돈의 흐름을 파악할 수 있잖아. 그 경험상 주택은 포화되고 있다는 느낌이 들었던 거야. 오피스 빌딩은 주택보다는 나은데, 좀 불안했어. 지금은 오피스가 수입이 잘 생기는데, 허름한 오피스 건물 옆에 더 좋은 건물이 생기면 (임차인이) 확 넘어가 버리더라고. 오피스 빌딩은 앞으로도 계속 늘어날 소지도 있고 말이야. 누가 새로 건물 지으면 임차인이 옮겨 버리기 십상이란 말이지. 그런데 상가 건물은 사람이 항상 빈번하게 다니는 곳에서는 임대료가 안정적일 거란 생각이 들더라고. 그래서 상가 빌딩에 투자하자고 생각했지."

자, 그럼 어디를 사야 할까? "상가를 사야 하는데, 상가로 가장 선호하는 곳은 명동역, 강남역 주변이었지. 그다음에는 종로, 신촌, 건대, 가로수길이었어. 나는 사실 명동에 사고 싶었어. 워낙 비싸니까 작은 것을 찾아 1년을 날마다 쫓아다니다시피 했지. 그런데 좋은 자리가 잘 안 나오더라고. 1년을 다니다 보니까 건물에 대해 알겠더라고. 대충 어느 정도의 건물 가격에 임대료 수익은 어느 정도인지. 그러다가 홍대 앞 좋은 자리에 건물이 나왔어. 놓치면 안 되니까 열흘 만에 샀지. 홍대에 건물을 딱 사고 나니까 이 곳이 막 뜨더라고. 항상 좋은 운이 이어져 왔는데 그 기본이 뭐냐, 작은 것에 연연하지 말라는 거야. 주위 사람들에게 신뢰를 주었을 때 나의 좋은 운을 다른 사람이 가져다 주는 거지."

그는 본격적으로 건물을 샀던 이야기를 풀어놓았다.

"보통 일반인들, 그러니까 건물을 사고판 경험이 없는 대부분의 일반인은 저게 10억 짜리면 10억을 모두 주고 사는 걸로 생각하는데, 그렇지 않아. 굳이 그럴 필요가 없어. 이자가 싸니까, 이자를 내고 난 뒤에도 수익률이 4~5퍼센트는 되거든. 만약 100억 원짜 리 상가 건물을 샀다고 하면, 100억짜리 건물을 담보를 잡히고 근저당을 설정해 대출 을 받으면 한 40억 원 정도는 대출을 받을 수 있어. 거기에 세입자 보증금 10억 원 정도 나오고. 그러니까 자기 돈은 절반 정도면 살 수 있다는 거지."

문제는 어디에 있는 물건을 사느냐는 것이다. 이 상권이 앞으로도 성장할 것인지가 관건이라는 것이다. "건물을 사면 건물 가격이 오르는 시절에는 무조건 사는 게 유리했 지. 하지만 지금처럼 정체되고 오히려 내리막일 때는 그게 그렇게 현명한 판단은 아니 야. 건물을 매입할 때는 자기가 사고자 하는 지역이 확장성과 성장성이 있는지 스스로 판단해야 해. 수익률이 중요해. 연간 임대 수익이 건물 가격의 5퍼센트 정도면 기본이라 고 보면 돼."

"내가 건물을 산 지 4년 됐는데, 홍대는 확장성이 굉장히 좋아. 홍대는 규모가 커지 고 있지. 서울 시내에서 가장 큰 상권인 명동은 그 테두리 안에 확장할 곳이 없는데, 여 기서는 동교동 삼거리부터 합정동, 상수동까지가 전부 테두리 안에 들어가. 연남동, 망 원동까지도 뻗어 나가는데 뭐. 상권이 어떻게 보면 규모 면에서는 커지고 있고, 고객도 퍼지고 있어. 뭐 그렇다고 매출이 늘고 그러지는 않는데, 여기 홍대의 장점은 공연 문화 가 있다는 거야. 다른 지역이 가지고 있지 않은 공연 문화, 라이브 같은 업종이 다른 데 보다 활성화되어 있잖아. 문화가 있으니까, 앞으로도 상권이 쇠락하거나 하지는 않는다 고 보고 있지. 뭐, 여기가 쇠락한다고 해도, 국내에 여기보다 더 큰 상권은 없다고 봐야

홍대 주차장 길
2017년 2월 25일 토요일 오전.

겠지. 그나마 있는 게 이태원이라든가 건대라든가, 이 정도 아닐까. 그래 봤자 홍대보다
는 작지."

그는 젠트리피케이션에 대한 평가도 곁들였다.

"요즘 언론에서 회자되는 것을 보면, 상권이 활성화되면 임대료가 올라가고, 젠트리
피케이션이라고 해서 건물주가 부도덕하게 불로소득을 얻는 것처럼 보도되고 있는데,
나는 이렇게 생각해. 세입자도 1억~2억 원을 투자해서 사업하기도 하잖아. 건물주도 부
동산 투자 사업자야. 임대료도 수요와 공급의 원칙에 따라 정해지는 건데, 임대료가 오
르면 건물주에 대한 부정적인 이야기만 나오더라고. 홍대 전체에서 임대료가 오르는 것

도 아니야. 홍대입구역부터 상상마당까지만 올라. 그건 이유가 있어. 만일 전부 카페라든가 음식점, 술집이라고 하면 임대료를 더 올릴 수가 없어. 매출에 한계가 있으니까. 식음료 업종은 차지하는 면적에 한계가 있어서 임대료를 올리려고 해봐야 올릴 수도 없어. 올릴 수 있는 업종은 판매점이지. 가로수길만 해도 주요 도로를 보면 카페도 있고 호프집도 많았는데, 그때는 임대료가 쌌기 때문에 그런 업종이 활황을 이룰 수 있었고 사람들을 유입시켰지. 그런데 유동 인구가 늘어나니까 판매점이 하나하나 들어오더라고. 의류 업체들, 신발 업체들, 최근에는 화장품 매장 같은 게 치고 들어오는 거지. 임대료 경쟁에서 식음료는 매출에 한계를 느껴서 이면도로로 밀려나게 되어 있어. 그건 기본 원리야. 판매점들은 매출이 높아지니까 임대료 상승에도 부응하면서 영업을 할 수 있는, 그런 시스템이지. 그런 당연한 경제 원리 때문에 매출 증대에 한계가 있는 식음료 업종은 초반에 진입했다가 결국 이면도로로 가는 거지. 홍대만 예를 들어도, 홍대입구역부터 상상마당까지 원래 술집이 많았다가 이제는 다 판매점으로 바뀌었어. 임대료가 많이 오르는 건 판매점 때문이지, 홍대 전체가 오르는 것은 아니라는 거지. 마지막 단계가 화장품인데, 화장품 업계가 쇠락하면 내리막길이 있을 수밖에 없지. 임대료 상승 한계치에 오는 거야."

그의 분석은 참으로 탁월했다. 앞으로 보여줄 데이터 분석은 그의 모든 이야기를 뒷받침한다.

등기부등본으로
자본의 흐름을 엿보다

등기부등본에는 부동산 관련 정보가 꽤 많이 들어 있다. 나는 젠트리피케이션 현상이 한국 사회에서 어떻게 시작되었는지, 그 첫 단계부터 파악해 보고 싶었다. 그래서 등기부등본*을 떼어 분석해 보았다. 2016년 3월,

음식점으로 운영 중인 건물을 대상으로 상수 지역과 연남동의 등기부등본을 떼었다.

상수와 연남동을 택한 것은 이 두 지역만으로도 큰 흐름을 전체적으로 볼 수 있으리라는 기대 때문이었다. 여기서 말하는 상수는 홍대 주차장 골목 쪽을 따라 상수역에 이르는, 서교동과 상수동을 아우르는 지역이다. 서교동 쪽에서는 초기 홍대의 확장 과정을 엿볼 수 있고, 상수동 쪽에서는 2010년 이후 폭발적으로 성장한 상수동의 변화까지 살펴볼 수 있다.

처음엔 상수와 연남동 연구 대상지에 속한 건물을 모두 분석하려 했지만, 일이 지나치게 커지는 듯했다. 젠트리피케이션 현상은 곧 주거용 건물이 근린 생활 시설로 변화하는 것임을 알고 있었으니, 근린 생활 시설의 대표격인 음식점으로 쓰이는 건물만 골라내면 일을 조금이라도 수월하게 할 수 있을 것이라 생각했다. 물론, 그래도 많았다. 분석 대상지로 선택한 곳의 건물은 상수 지역이 183개, 연남동이 148개나 되었다.

등기부등본에는 건물주의 이름과 나이, 매입 시점, 근저당 설정 규모 등 수많은 정보가 담겨 있다. 다만 등기부등본을 떼어 본 사람은 잘 알겠지만, 등본에 적힌 내용은 결코 친절하지 않다. 등본을 보는 일도 쉽지 않았다. 예컨대 은행 근저당 설정액은 월별로 기록되어 있는데, 한 건물의 등본에도 근저당을 설정했다가 취소하고 또 근저당을 설정하는 일이 빈번하게 벌어진다. 근저당 설정1-설정2-설정3-설정2 해지-설정3 해지 등으로 일의 순서가 뒤죽박죽으로 적혀 있기 때문에 근저당 설정액과 해지액을 더하고 빼어 연말 기준으로 계산하는 일이 쉽지만은 않았다. 하지만 하나씩 하나씩 엑셀에 숫자를 입력해 나가다 보니, 무의미해 보이던 숫자들이 어느 순간부터 말을 걸기 시작했다.

등기부등본을 보다 보니, 눈에 띄는 사례가 있었다. 상수 지역을 무대로 활약하고 있던 김아무개 씨가 그 주인공이었다. 1957년 2월생인 그는 지난 2002년 4월 서교동 단독주택을 매입해 5층짜리 상가 겸 주택을 지으면서 처음 홍대 쪽에 자리를 잡았다. 잠시 다른 곳으로 떠났던 김 씨는 2009년 다시 이곳으로 돌아와 대대적으로 홍대 상수 지역의 부동산을 매입했다.

김씨는 ① 2009년 5월 서교동 5층 건물(연면적 601.17제곱미터)을 21억 5000만 원에 구입하며 시동을 거는 듯하더니, 2011년부터 본격적으로 건물을 주워 담기 시작했다. ② 2011년 6월 서교동 2층 건물(연면적 122.49제곱미터)을 14억 원에 매입했고, ③ 2013년 11월 상수동의 3층 건물(연면적 380.99제곱미터)을 27억 9200만 원에 샀다. ④ 2014년 4월에는 스물여섯 살 된 자녀 명의로 상수동 2층 건물(279.7제곱미터)을 16억 6000만 원에 취득했고, ⑤ 그해 10월과 11월에 상수동 2층 건물(67.32제곱미터)과 ⑥ 서교동 3층 건물(연면적 470.4제곱미터)을 매입했다.

그의 건물은 다른 곳에도 또 있을 수 있다. 다만 모두 확인할 길이 없어 내가 찾은 사례만 따져 보았다. 2009년 이후 김 씨가 쓸어 담은 건물의 총액은 무려 131억 1200만 원에 달했다.

그렇다면 김 씨는 어마어마한 자산가일까? 물론 평범한 가정과 비교한다면 큰 부자라고 할 수도 있겠지만, 또 어떻게 보면 엄청난 부자라고 보기는 어려울 것 같다. 우리가 상상하는 부자의 모습과는 다르다는 뜻이다. 이렇게 말하는 이유는 그의 엄청난 은행 대출금 때문이다. 김 씨가 2009년 이후 매입한 6개의 건물에 붙어 있는 은행 근저당 설정액은 총 111억 2300만 원에 이르렀다. 일반적으로 근저당 설정액은 실제 대출 금액의 110퍼센트 수준이므로, 실제 대출액은 100억 원 정도로 보는 것이 합리적일 것으로 보인다. 상수동 김 씨가 은행에서 대출받은 돈 100억 원은 전체 건물 매입가액의 77퍼센트 수준이다. 이는 지금 살고 있는 집의 매입 가격과 근저당 설

● 데이터분석가인 신수현 씨(당시 서울시 통계 데이터 분석팀)의 도움을 얻어 분석 작업을 벌였다. 그의 아이디어와 빅데이터 분석 능력이 없었다면 분석이 불가능했을지도 모른다.

정액을 제외한 수치다. 그가 원래부터 대단한 부자였다고 보기보다는, 오히려 상수동에 투자를 하면서 엄청난 부자가 될 수 있었다고 보는 것이 합리적인 듯하다. 대출액이 이렇게도 많으니 말이다.

그렇다면 이렇게 대출액이 많으면 사실상 건물의 주인은 은행이 아닌가? 결코 그렇지만은 않다. 이곳 상수 지역의 지가는 2009년 이후 무려 3배 가까이 뛰어올랐다. 매매 당시의 건물 가격 대비 근저당 설정액 비율이 77퍼센트 수준이었다고 하더라도, 건물값이 3배 정도 오른 지금 그 비율은 26퍼센트 수준으로 떨어진 셈이다. 이렇게 집값이 가파르게 오르는 곳에서는 어떻게든 건물을 소유해 제 것으로 만드는 것이 중요하다. 자, 그럼 상수동 김 씨는 어떻게 건물을 재빨리 소유할 수 있었을까? 제 주머니에 든 돈이 없이 건물을 매입하는 방법으로 김 씨는 은행 대출을 통한 레버리지(지렛대) 효과를 이용했다. 물론 이런 식으로 매입할 경우 중요한 것은 건물 임대료를 이용해 은행 대출이자를 감당할 수 있어야 한다는 점이다. 은행 대출이자는 건물 임대료로 막고 건물 가격은 매년 큰 폭으로 상승한다면, 건물주 입장에서는 최고의 투자가 아닌가.

또 한 가지 조건이 있다. 김 씨처럼 하려면 은행 대출에 따른 리스크를 상회하는 이익을 얻을 수 있다는 확신이 있어야만 한다. 부동산 가격이 오르거나 임대료가 꾸준히 상승한다면 성공하는 게임이다. 반대로 부동산 가격이 내려가고 대출금리가 오르면 큰 문제가 생길 수도 있다. 그렇다면 김 씨는 무모한 도박을 벌인 것일까? 혹시 이렇게 배짱을 부릴 만한 근거가 있었던 것은 아닐까?

상수 지역과 연남동의 총 331개 등기부등본은 그에 대한 답을 주었다. 일단 분석의 초점은 상수 지역에 맞췄다. 상수 권역으로 여겨지는 곳을 조사지로 설정해 음식점으로 이용 중인 건물의 등기부등본 183건(2016년 3월 말 기준)을 모두 떼어 분석했다. 그 결과 이 건물들에 붙어 있는 은행 근저당 설정 총액은 2015년 말 기준 1251억 원에 달했다. 이는 2012년(781억 원) 이후 3년 만에 무려 60.2퍼센트나 늘어난 것으로, 2006년(487억 원)부터 2012년까지의 증가 속도에 견주면 2배의 속도다.

이 그래프를 보면 변곡점은 2014년이다. 이때 대체 무슨 일이 있었던 걸까? 2014년

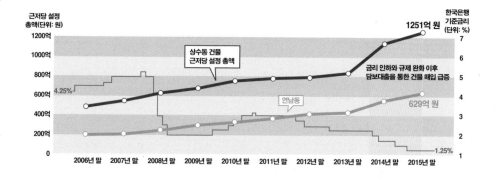

근저당 설정
총액(단위: 원)
1200억
1000억
800억
600억
400억
200억
0

4.25%

상수동 건물
근저당 설정 총액

금리 인하와 규제 완화 이후
담보대출을 통한 건물 매입 급증

연남동

629억 원

1251억 원

한국은행
기준금리
(단위: %)
7
6
5
4
3
2
1.25%
1

2006년 말　2007년 말　2008년 말　2009년 말　2010년 말　2011년 말　2012년 말　2013년 말　2014년 말　2015년 말

상수·연남 지역 근저당 설정 총액 및 금리 변화

상수·연남 지역 조사 대상 건물의 등기부등본을 모두 모아 근저당 설정 총액을 계산해 보니 2014년부터 급격하게 증가하는 것을 확인할 수 있었다. 2014년 7월 최경환 새누리당 의원이 기획재정부 장관으로 취임하면서 부동산 관련 금융 규제를 푼 것이 큰 요인으로 작용한 것으로 보인다.

이후의 변화상에서 김 씨가 배짱을 갖게 된 핵심 원인을 찾을 수 있다. 2014년 이후 부동산시장에는 새로운 흐름이 본격적으로 나타나기 시작했다. 2008년 금융위기 이후 많은 사람들이 상가 건물로 눈을 돌리기 시작한 것이다. 그전에는 아파트가 대표적인 부동산 투자 상품이었다. 적절히 규격화되어 있는 아파트는 환금성이 매우 좋은 '상품'이었다. 그러나 금융위기의 여파는 컸다. 더욱이 일본의 사례에서 목격했듯이 인구 감소에 따른 부동산 버블 붕괴 우려도 커지고 있었다. 금융위기는 그 우려를 키우며 상승작용을 일으켰다. 부동산 회의론이 극대화되었다. 부동산 투자를 고민하던 이들 사이에서는 이때부터 이미 '동네의 재발견'이 이루어졌다.

앞서 언급한 홍대 건물주 이 씨의 이야기를 곱씹어 보자. 그는 "부동산의 흐름이 아파트에서 상가 건물 쪽으로 바뀌었다고 봤다"고 말했다.

"당시 주택 쪽은 이미 포화되고 있다는 느낌이 있었어요. 세계 경기라든가 국내 자금 흐름을 보면 주택이 포화되는 듯했지요. 오피스 빌딩은 주택보다 낫긴 한데, 너무 많이 늘어나는 경향이 있었죠. 게다가 옆에 새 건물이 나오면 임차인도 쉽게 옮겨 버리니 안 되겠다 싶었어요. 그런데 상가 건물은 달라요. 사람이 항상 빈번한 곳에서는 임대료가 안정적으로 나올 거란 계산을 하고, '여기에 투자하자'라고 생각했죠."

2009년 6월 18일, 《조선일보》는 강남 도곡동 PB센터장의 말을 인용해 향후 투자 방향을 다음과 같이 소개했다. "지금은 상가 등의 수익형 부동산을 마구 주워 담고 있습니다. 오랫동안 투자한 경험 때문인지, 부동산이 인플레이션에 대비한 가장 좋은 투자처라고 확신하는 부자들이 많네요."

바로 이것이 핵심이다. 젠트리피케이션의 근원에는 부동산시장의 변화가 자리잡고 있었다. 예술가(상인)가 젠트리피케이션을 유발한다는 애초의 젠트리피케이션 정의와는 거리가 있다. 이것은 저성장과 불확실성의 시대에 접어든 한국 사회에서 변화하는 부동산의 흐름을 보여주는 단면이다.

이런 상황에서 저금리 시대가 본격화되자, 부동산 자본은 '거리'에 눈을 뜨기 시작했다. 저금리 시대에 현금 흐름을 창출할 수 있는 공간은 당연히 수익률이 은행 금리를 훌쩍 뛰어넘는 임대용 건물이다. 임대용 건물에서도 가장 안정적인 현금 흐름을 보장하는 용도가 바로 상업용이다. 홍대 건물주 이 씨의 말과 《조선일보》가 보도한 도곡동 PB센터장의 말을 종합하면, 저성장·저금리 시대를 맞아 부동산의 흐름은 이미 수익형 부동산으로 바뀌고 있었다.

아울러 상권 확장성이 큰 홍대 권역은 부동산 투자라는 측면에서 최적의 장소였다. 홍대 권역 중에서도 어느 곳에 있는 상가 건물을 사야 했을까? 당연히 저평가된 곳을 매입해야 할 것이다. 적은 금액을 투자해 수익을 극대화하는 것은 자본의 가장 기본적인 논리다. 부동산 가격을 올릴 수 있으면서 임대료를 통한 현금 흐름도 창출해 낼 수 있다면 최상이다. 현재 가격이 저평가되어 있되 향후 발전 가능성이 높은 곳이 바로 그런 곳이다. 상수동이나 연남동은 그 조건에 딱 맞았다. 먼저 뜨기 시작한 상수동은 홍대 핵심 상권과 바로 붙어 있었다. 홍대 주차장 길을 따라 그대로 이어지는 상수동 골목은 기회만 있다면 얼마든지 상권으로 변신할 여력을 갖추고 있었고, 실제로 조금씩 그 위세가 확산되며 뜨는 동네가 되어 갔다. 상업용으로 전환할 수 있는 주거용 단독주택의 존재 덕분에 부동산 가격까지 빠르게 올릴 수 있는 적절한 투자 대상으로 떠오른 것이다.

연남동이 뜨는 동네로 바뀌는 과정은 상수보다 조금 더 극적이었다. 연남동도 홍대 전철역과 가까웠지만, 경의선 철길이 가로지르고 있는 탓에 홍대 상권은 그 물리적 경계선을 넘지 못하고 있었다. 그 철길이 사라지고, 멋진 공원이 들어오는 순간 부동산 투자 쏠림 현상이 나타났다. 저평가되어 있던 곳의 문제가 해소되거나 연결성이 좋아져서 부동산 자본이 쏠리는 곳, 그곳이 바로 '뜨는 동네'다. 다시 말해, 젠트리피케이션을 유발하는 첫 번째 요소는 부동산 쏠림 현상이다. 뒤에서 더 언급하겠지만, 예술가(상인)가 젠트리피케이션을 유발한다는 말은 반은 맞고, 반은 틀리다.

마침 부동산 경기를 끌어올려 경제성장을 뒷받침하려는 정부의 정책도 이 같은 자본 흐름의 변화를 도왔다. 2014년 7월 최경환 새누리당 의원이 경제부총리 겸 기획재정부 장관에 취임하자, 기획재정부는 곧바로 '하반기 경제정책 운용 방향'을 발표해 부동산 담보대출 규제인 주택담보인정비율LTV과 총부채상환비율DTI을 완화했다. 금리 역시 빠르게 낮아지기 시작했다. 소비활성화를 통해 경제성장률을 높이겠다는 명목으로 저금리 시대가 공고화됐다. 한국은행의 기준금리는 2011년 6월(3.25퍼센트) 이후 2015년 6월까지 일곱 차례에 걸쳐 0.25퍼센트포인트씩 낮아졌다. 이어 2016년 6월 또다시 0.25퍼센트포인트를 낮춰 1.25퍼센트가 되었다.

이 지역에서 활동하는 은행 대출 담당자는 자신의 역할을 '윤활유'로 표현하며 다음과 같이 말했다. "저 같은 사람이 이 지역의 가치를 제대로 평가해 주지 않았다면, 이곳에서 이렇게 빠른 변화가 나타나지는 않았을 겁니다."

정부의 LTV 정책에 따라 집값의 70퍼센트만큼 집 담보 대출이 가능하긴 하지만, 집값이 너무 가파르게 오르는 곳에서는 실제 대출이 제대로 이루어지지 않는 경우도 많다. 예컨대 6억 원에 산 단독주택이 상권 활성화로 1년 만에 10억 원이 되었는데, 은행이 LTV 기준을 적용하기 위해 벌이는 감정평가에서는 그 가격이 충분히 반영되지 않는다. 지역의 특성을 잘 모르는 감정평가 기관에서 10억 원으로 오른 가격이 '거품'인지 아닌지 판단할 수 없는 경우가 많아 보수적으로 집값을 산정하기 때문이다. 그러나 이 대출 담당자는 이 지역에 대해 잘 알고 있었고, 그렇기 때문에 과감히 높은 가격으로 집값을 산정해 LTV를 최대한도까지 적용할 수 있도록 해준 것이다. 이렇게 금융이 적극적으로 개입할 수 있게 되면, 사실상 집의 구매자는 거대 자본을 가지고 있는 은행을 끼고 있는 셈이 된다. 투자자의 힘이 강해진 만큼 집값 상승은 원래 가지고 있는 힘보다 훨씬 더 강력해지는 것이다.

단독주택을 매입하는 투자자들은 투자 대비 연수익이 얼마나 될지, 투자를 했던 건물의 땅값이 앞으로 얼마나 오를지에 관심이 많다. 게다가 교수든 공무원이든 일반 직장인이든, 대부분은 부동산 가격의 60~70퍼센트를 대출받지 않고서는 10억 원 안팎의 집을 사기 어려운 것이 사실이다. 그래서 이런 사람들은 임대료를 받아 금융 비용을 해결하고 남는 돈으로 생활비를 쓸 수 있기를 바란다.

유동자금이 충분해 대출을 끼지 않고도 10억 원을 호가하는 집을 쉽게 매입할 수 있는 이른바 '부자'들 역시 대출을 많이 받아 매입하는 것을 선호한다. 앞으로 집을 되팔 경우 매입하는 사람이 더 쉽게 접근할 수 있게 해주는 동시에, 은행이 이만큼 보증해 줄 정도로 주택 가격에 거품이 끼지 않았다는 점을 보여주는 중요한 근거로 활용될 수 있기 때문이다. 주택을 매입한 뒤 등기를 하면 자신이 보유한 모든 돈이 그대로 세무 당국에 노출되는 만큼 세금 측면에서도 대출을 활용하는 것이 더욱 유리하다고 한다.

저금리 시대는 계속 이어질까? 저성장 시대인 만큼 앞으로도 상당 기간 저금리 기조가 이어질 것이라고 보는 편이 합리적이다. 우리의 반면 교사인 일본은 초저금리 시대를 지나 이제 '마이너스 금리'에 돌입했다. 상수동 김 씨의 사례는 결코 우연히 나온 것이 아니다. '한국형' 젠트리피케이션은 바로 이런 환경에서 등장했다.

'뜨는 동네'에 들어오는 투자자 상당수는 그 동네에 살지 않는 외부인이었다. 거주자라기보다는 투자자라는 것을 의미한다. 2015년 말을 기준으로, 상수 지역 건물주의 66

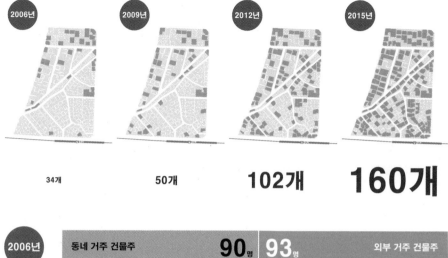

2006년 | 2009년 | 2012년 | 2015년

34개 | 50개 | 102개 | 160개

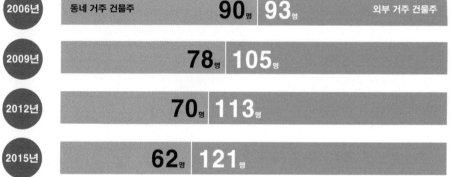

2006년	동네 거주 건물주	90명	93명	외부 거주 건물주
2009년		78명	105명	
2012년		70명	113명	
2015년		62명	121명	

상수 지역에서 음식점으로 쓰고 있는 건물 추이(위)와 동네 거주 건물주 현황(아래)

동네 바깥에서 사는 사람이 건물을 많이 매입했고, 건물을 매입한 뒤 음식점 등으로 쓸 수 있도록 용도 변경이 이루어졌음을 확인할 수 있다.

퍼센트가 외부인이었다. 동네 사람은 34퍼센트에 불과했다. 이들은 동네에 들어오자마자 주거 기능을 하던 상당수의 건물을 상업용으로 바꿨다. 임대료를 극대화하기 위해서다. 조사 대상지에서 서울시의 식품위생업소 인허가 데이터 자료를 바탕으로 음식점으로 운영 중인 건물 숫자를 연도별로 뽑아 보니, 연말 기준 2006년 34개, 2009년 50개, 2012년 102개, 2015년 160개로 기하급수적으로 증가했다.

이런 현상은 홍대 상권이 확장된 또 다른 지역인 연남동에서도 마치 복제된 듯 그대로 벌어지고 있다. 서울시는 2011년 말께 경의선 폐선로를 '경의선 숲길' 공원으로 바꾸겠다는 계획을 공식적으로 내놓았고, 2012년 주민들을 대상으로 설명회를 열었다. 이어 2013년 8월 경의선 숲길 공사가 본격적으로 시작되었다. 공사가 시작되자 언론에서는 '제2의 홍대 상권'이라는 식의 기사가 나오기 시작했다. 이런 소식은 부동산 투자 쏠림 현상의 신호탄이 되었다. 이곳은 홍대 전철역, 홍대 상권과 가까웠지만 경의선 폐선로 탓에 부동산 가치가 저평가되어 있던 곳이다.

연남동 조사 대상지 건물 148개에 붙은 은행 근저당 설정 총액은 2012년 말 410억 원이었던 것이 2015년 말에는 629억 원으로 53.2퍼센트 늘었다. 같은 기간 음식점으로 운영 중인 건물은 63곳에서 139곳으로, 2배 이상으로 늘었다. 2006년 38퍼센트였던 외부인 건물주 비율도 지난해에는 60퍼센트로 크게 높아졌다.

자, 이쯤에서 정리해 보자. 서울의 젠트리피케이션은 뉴욕 미트패킹 지구와는 달리 예술인(상인)에서 시작된 것이 아니다. 상인들이 '뜨는 동네'에 들어오기 이전에 이미 부동산 쏠림 현상이 있었다.● 부동산 투자가 이루어져 주거용 건물이 상가용으로 바뀌지 않는 한 상권 확장은 불가능하다. 물론 순서를 논하자는 것은 아니다. 다만 이런 대규모 쏠림 현상에 대해서는 상인들의 노력을 배제한 채 그 논리적 전개 과정을 정밀하게 분석해 볼 필요가 있다는 것이다.

이 쏠림 현상은 아파트 상품을 위주로 거래하던 부동산 자본이 금융위기 이후 상가 건물 쪽으로 눈을 돌리며 시작된 현상이다. 저금리 시대가 고착화되면서 자본을 굴려 현금 흐름을 창출할 방안이 필요했고, 상가 건물은 그 니즈에 정확히 맞아떨어졌다. 자본은 언제나 이익을 극대화하려 한다.

여기에 한 가지 더 중요한 요소가 더해진다. 상가 건물보다는 일반 주거용 건물이 더 싸다. 상권이 여전히 확대되고 있는 홍대 주변 지역에서 젠트리피케이션 현상이 급속도로 나타나고 있는 것은 우연이 아니다. 주거용 건물을 상가 건물로 바꿔 놓으며 공급을 늘려도 그것을 소화할 여력이 되는 곳이 바로 홍대다. 상권이 계속해서 확장되어도 그만큼 많은 사람들이 이곳으로 몰려오기 때문이다. 부동산 투자자들은 건물을 구입해 근린 생활 시설로 용도를 변경하고, 멋들어지게 리모델링을 하면 부동산 가격을 빠르게 올릴 수 있다.

이는 바꿔 말하면, 부동산 쏠림 현상이 일어나지 않는 한 뜨는 동네가 되기 어렵다는 뜻이기도 하다. 우리가 말하는 '뜨는 동네'란 상권이 형성되어 가는 과정을 볼 수 있는 동네를 말한다. 자본이 들어와 건물주가 교체되고, 일반 거주용 건물이 근린 생활 시설로 바뀌면서 상권은 확대된다. 다만, 부동산 쏠림 현상은 상권이 형성될 만한 곳에 나타나니 상인의 역할이 아예 배제되어 있다고 말하기도 어렵다.

이어서 상인들이 들어오고, 그 후부터는 많은 사람들이 알고 있는 현상이 나타나기 시작한다. 바로 상가임대차 문제다. 우리는 바로 이 지점에 대해서만 젠트리피케이션이라 부르고, 그에 대한 대책 마련에만 초점을 맞춰 왔다. 우리는 지금까지, 커다란 시대적 흐름에 따라 부수적으로 나타나는 상가임대차 문제에 대해서만 젠트리피케이션이라 정의하고 논의하고 있었던 것이다.

건물을 소유한 외부인은 동네 전체의 이익, 지속 가능성에는 관심이 없다. 모든 것은 그저 건물주의 단기적 이익을 위해 작동한다. 그러니 임대료 인상은 자연스러운 일이다. 한번 열심히 살아 보겠다며 '뜨는 동네'에 들어온 상가 세입자들의 고통은 여기서 시작된다.

• 물론 어느 상인들은 부동산 자본보다 더 발 빠르게 그 흐름을 잡아내 뜨는 동네가 될 곳에 자리를 잡는 경우도 있었지만, 그것은 커다란 흐름에 영향을 주지 않는다. 만약 부동산 자본이 오지 않았다면 별다른 의미가 없는 행위일 가능성이 높다.

반면 자본이 쏠린 연남동에서는 부동산 잔치가 벌어졌다. 연남동에서 200제곱미터(60여 평)의 땅에 세워진 2층짜리 건물 한 채는 세 차례 주인을 갈아치우며 몸값을 키웠다. 2010년 8월 이 건물을 10억 5000만 원에 매입한 분당의 이아무개 씨(48세)는 2012년 11월 11억 9500만 원에 팔았다. 등본상으로만 보면, 2년 3개월 만에 1억 4500만 원을 벌었다.

2012년에 이 건물을 매입한 새 건물주는 이 동네를 잘 아는 토박이 중소기업이었다. 자본력이 풍부한 이 중소기업은 이 건물을 가지고 있다가 2014년 10월 서초동의 이아무개 씨(51세)에게 무려 18억 3000만 원에 팔았다. 약 2년 만에 거둬들인 매매차익이 7억 원에 이른다(세금은 고려하지 않았다).

2014년에 이 건물을 매입한 서초동 이 씨의 운명은 근처 다른 건물의 사례를 통해 어느 정도 유추할 수 있었다. 시기로만 보면, 이 씨 역시 부동산 투자라는 차원에서는 틀린 결정을 내린 것은 아닌 듯하다. 2014년 3월 같은 동네 153.7제곱미터(47평) 규모의 땅에 지어진 3층 건물을 13억 9500만 원에 매입한 이 동네의 회사는 2015년 9월 남가좌동의 60대 부부에게 건물을 넘기며 무려 24억 8000만 원을 받았다. 1년 만에 거둔 수익이 10억 8500만 원에 이른다. 다만, 실제로 이 회사가 이익을 얻지는 못했다. 1개 층을 더 올려 4층 건물로 증축했고, 1층만 상가로 쓸 수 있던 것을 모든 층에서 상가로 쓸 수 있게 용도 변경하는 과정에서 2억~3억 원을 썼다. 또 기업의 양도소득세도 워낙 컸다. 다만 1년 만에 부동산 매매가가 10억 원 넘게 오른다는 것 자체는 분명 일반인들의 상상을 초월한다.

개인의 '활약'도 눈에 띄었다. 도봉동에 사는 최아무개 씨(42세)는 2014년 10월 연남동에 연이어 붙어 있는 건물 두 채를 11억 3000만 원(각각 6억 2000만 원, 5억 1000만 원)에 매입해 지난해 9월 창전동의 김아무개 씨(54세)에게 한꺼번에 팔았다. 최 씨가 받은 돈은 15억 500만 원(각각 9억 2000만 원, 5억 8500만 원)으로, 약 1년 만에 3억 7500만 원의 차익을 얻어 냈다.

부동산 쏠림은
누가 주도하는가?

　　　　　　　　　　다른 지역에서 이와 똑같은 일이 또다시 벌어지려면 몇 가지 조건이 충족되어야 한다. 정부의 대출 규제 완화와 저금리 기조가 계속 이어져야 하고, 부동산 쏠림 현상이 일어날 만큼 투자자들이 충분히 모여야 한다.

　그 쏠림의 주인공은 누구일까? 이를 알아보기 위해 건물주들의 연령을 따져 보았다. 상수와 연남에 서촌의 92개 건물 등기부등본 분석 결과까지 더해 보았다. 그 결과 세 지역 모두 똑같이 평균 57세(1958년생)로 나타났다. 등기부등본에 적힌 숫자를 입력해 상수와 연남, 서촌 각각의 건물주 평균연령이 57세로 나왔을 때 경악을 금치 못했다. 세 지역의 건물주 평균연령이 서로 다른 위치에서 출발해 2015년에는 1958년 개띠생인 57세로 수렴하는 통계 그래프를 뽑아 들고 하염없이 웃을 수밖에 없었다.

　그도 그럴 것이 1958년생은 그 이름도 유명한 '58년 개띠'다. 이들은 베이비부머 세대의 '대표 선수'로도 불린다.● 한국전쟁 이후 베이비부머들이 태어나는데 그 절정기가 1958년이었다. 그해에 100만 명이 넘는 아이가 태어났다. 《조선일보》의 2016년 8월 30일자 '만물상'에는 이런 내용이 나온다.

　"일련번호 109번을 받은 친구도 있었고 2인용 책상에 셋이 앉았다. 교실이 넘쳐 일부는 복도에 책걸상 놓고 교

● '58년 개띠'로 대표되는 베이비부머 세대는 2010년 인구주택 총조사에서 약 695만 명으로 집계되었다.

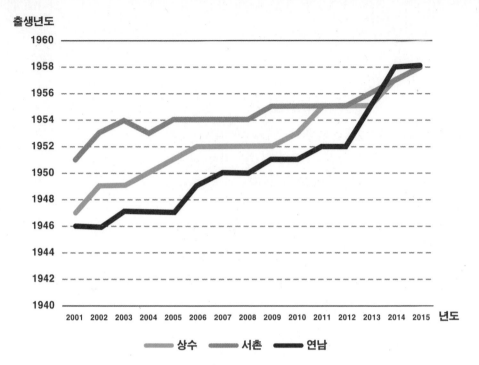

출생년도

상수 ━━━ 서촌 ━━━ 연남

지역·연도별 상업용 건물주 평균연령
변화 추이

2015년 말 기준. 상수·연남·서촌
지역의 건물주 평균연령은 57세인
것으로 확인되었다.

실 안 칠판을 보며 배웠다. 기저귀를 막 벗었을 때부터
대학 3학년까지 내내 박정희 대통령이었다."

　이들이 함께 학교를 다니다 보니 경쟁이 격화될 수밖
에 없었고, '입시전쟁'이라는 말이 나오기 시작했다. 이들
이 대학에 들어간 1977년에는 역대 최고의 대입 경쟁률
을 기록하기도 했다. 이들은 어딜 가든 치열한 경쟁을 해
야만 했다. 1997년 외환위기에는 회사에서 가장 많은 애
매한 중간관리자여서 정리해고의 공포에 떨기도 했다.
58년 개띠들의 인생은 굴곡이 컸다.

　이들이 결혼할 무렵인 1980년대에는 분당, 일산에 신

도시가 세워졌다. 부동산 신화가 만들어진 것도 이때다. 강남의 땅값이 급등하고, '천 당 밑에 분당'이란 말까지 나올 정도였으니 이들의 부동산 경쟁심은 다른 어떤 세대와 도 비교할 수 없을 것 같다. 40대의 문턱을 넘은 1997년에는 외환위기가 터졌고, '사오 정(45세 정년)'이라 불리는 아픔을 겪었다.

이 수많은 경쟁과 고통에서 살아남은 일부 58년 개띠는 한국 사회에서 살아남는 생 존법을 깨달은 듯하다. 한국2만기업연구소는 '2016년 100대 기업 임원 연령 분석 현황' 에서 CEO급의 등기임원은 297명이며, 1958년생이 42명(14.1퍼센트)으로 가장 많았다고 밝혔다. 9년 전 조사에서는 대기업 임원 10명 가운데 1명이 '58년 개띠'란 조사 결과가 나왔으니, 이들이 한국 사회의 완전한 중심으로 섰다고 말할 수도 있다. 20대 국회도 비 슷하다. 2016년 봄, 새누리당(현 자유한국당)과 더불어민주당에서 동시에 당대표를 했던 이정현, 추미애 씨도 '58년 개띠'다. 2015~2016년 한국 사회의 상징과도 같은 부동산시 장에서 이들이 지배적 위치를 차지하는 것은 어쩌면 당연한 일인지도 모른다. 이들은 현재 정치와 사회, 경제 분야 모두에서 주도권을 쥐고 있는 세대다.

그렇다면 이들이 부동산시장에서 은퇴하는 순간, 도시공간에 커다란 변화가 나타나 지는 않을까? 일단 이들의 은퇴 시점을 알아보자. 《조선일보》가 한국감정원 부동산연 구원의 2012~2015년 '연간 주택 소유 통계'와 '연령별 인구 현황' 자료를 분석한 것을 보면, 연령대별 주택 소유율은 20대 4.1퍼센트, 30대 24.2퍼센트, 40대 37퍼센트, 50대 40.6퍼센트, 60대 44.2퍼센트로 점점 오른다. 이후 내리막을 걷지만 70대에도 42.1퍼센 트를 유지하는 등 소폭 하락에 그치고, 80대 이후에야 26.1퍼센트로 급격히 떨어진다.● 즉 베이비부머의 대표격인 '58년 개띠'를 기준으로 이들이 80대에 들어서는 2038년 정 도까지는 부동산 흐름을 바꿀 만한 '이탈 현상'이 나타나기 쉽지 않다는 뜻이다.

● 〈여든 넘어야 노후 위해 집 처분〉, 《조선일보》, 2017년 1월 16일, http://biz.chosun.com/site/data/html_dir/2017/01/16/2017 011600175.html.

이와는 별개로, 부동산시장의 주력 연령대는 시간이 흐르면 자연스럽게 교체되기 마련이다. 이 세대교체기 이루어지면 젠트리피케이션 같은 현상이 더 이상 일어나지 않고, 상권 확산 같은 일도 벌어지지 않는 것은 아닐까?

아마도 쉽게 바뀌지는 않을 것 같다. 분석 자료를 조금 다른 각도에서 보면, 이미 부동산시장에서는 세대교체가 진행되고 있다는 사실을 확인할 수 있다. 최근 3년간 상수·연남·서촌 부동산을 매입한 이들의 평균 출생 연도를 따로 뽑아 보니 1967년이었다. 최근의 흐름을 주도하는 세대는 '58년 개띠'에서 1967년생으로 10년 가까이 젊어졌다. 최근 벌어진 젠트리피케이션은 이 세대교체가 벌어진 뒤의 일이니, 세대교체는 성공적(?)이라고 볼 수도 있다. 심지어 이보다 젊은 사람들도 많다. 등기부등본에서는 수많은 젊은이들의 매매 사례를 목격할 수 있었다. 일례만 적어 보겠다.

서울 마포구 상수동의 한 작은 건물은 2013년 10월 서울 서초구 방배동에 사는 김 아무개 씨(39세)의 소유가 되었다. 83제곱미터(25평)의 작은 땅에 건물도 2층(연면적 105.45제곱미터, 32평)밖에 되지 않았지만 매매가는 12억 5000만 원에 달했다. 지하철 6호선 상수역 바로 옆인 데다 모서리에 있어 위치가 좋았기 때문이다. 김 씨의 은행 근저당 설정액은 무려 9억 6000만 원에 달한다. 매매가의 76.8퍼센트 수준이다.

하 아무개 씨(41세) 부부 역시 2014년 10월 상수동 건물을 10억 4000만 원에 매입했는데, 근저당 설정액이 7억 2000만 원에 달했다. 인천에 사는 최 아무개 씨(34세)도 2014년 8월 상수동 건물을 13억 3000만 원에 매입하면서 은행에서 10억 원 이상의 대출(근저당 설정액 13억 2200만 원)을 받았다. 부동산 쏠림 현상을 일으킬 수 있는 주인공은 미래 세대로 이미 충분히 계승되어 있는 셈이다. 조건이 갖춰지는 동네만 등장한다면 이들의 자본이 한꺼번에 몰릴 것이다.

그럼, 조건이 갖춰진 동네는 어디인가? 자본은 가치가 저평가되어 있는 곳으로 쏠리기 마련이다. 서울에서 벌어진 젠트리피케이션은 저평가되어 있던 부동산이 어떤 계기로 급격하게 '정상' 수준으로 제자리를 찾는 과정으로 파악된다. 이미 뜬 동네들에 대해 살펴보자.

예를 들어, 성수동은 강남 접근성과 서울숲 덕분에 가능성이 있는 땅이었다. 그런데 공장 지역이라는 인식 탓에 부동산 가격이 저평가되어 있었다. 그러나 2012년 말부터 그린트러스트·아시아공정무역 등의 비영리단체와 사회적기업 루트임팩트 등이 자리를 잡으면서 언론의 주목을 받으며 활성화되기 시작했다. 특히 일부 유명 연예인들이 이곳 땅을 매입하고, 루트임팩트의 대표가 정몽윤 현대해상화재보험 회장의 아들인 정경선 씨라는 점이 알려지면서 '현대가가 투자했다'는 입소문이 퍼져 부동산 투자 쏠림 현상이 나타났다.

연남동은 철길에 가로막혀 홍대 상권이 확산되지 못했던 '아쉬운' 곳이었다. 이 철길이 사라지고 공원으로 바뀌자 부동산 자본이 한꺼번에 몰려왔다. 단순히 상권을 막고 있던 장벽(철길)이 사라지는 데 그치지 않고, 사람들을 끌어들일 만한 폭은 좁지만 매우 긴 '선형' 공원이 들어섰다는 점이 거대한 폭발력을 만들어 냈다. 상수와 망원은 홍대 상권이 자연스럽게 확장되어 가는 과정을 그대로 보여주는 사례. 홍대 상권의 확대가 과연 지속 가능할지에 대해서는 뒤에서 다시 논의할 것이다.

나는 앞으로는 상수와 연남동의 젠트리피케이션이 모두 끝나면 조금 다른 양상으로 젠트리피케이션 현상이 나타날 것이라고 본다. 물론 양상이 달라진다는 말은 젠트리피케이션 현상이 더 이상 나타나지 않을 것이라는 의미가 아니다. 시중에는 유동성이 차고 넘친다. 그렇기에 이미 우리가 알고 있는 주요 상권에서는 젠트리피케이션 현상의 여파가 계속해서 이어질 것이다. 홍대 권역에 해당되면서 여전히 저평가되어 있는 곳이 있다면, 그곳이 다음 타자가 될 가능성이 높다.

다만 앞으로는 홍대나 성수동처럼 대규모 지역에서 폭발적으로 이루어지는 젠트리피케이션이 계속해서 나타나기는 쉽지 않을 것으로 본다. 부동산 가치가 저평가된 공간이 점점 사라지고 있기 때문이다. 저평가되었다는 것은 원래는 그 가치가 높게 평가받아야 마땅한 곳일 때 쓰는 표현이다. 결국 가치가 높은 땅, 이용도가 높은 땅, 부동산 쏠림 현상이 나타나는 땅이 어디냐는 물음이 생길 수밖에 없다.

서울의 중심이
이동하고 있다

이용도가 높은 땅이 어디냐는 물음은 결국 중심지가 어디냐는 물음과 같다. 서울이 과거에는 사대문 안쪽만을 일컬었다면, 이제는 강남 쪽으로 중심이 완전히 이동했다. 기업의 대규모 이동은 주거의 중심지도 바꾼다. 서울시가 조사한 시내 법인 숫자를 살펴보면, 2010년 10만 5188개였던 것이 2014년에는 14만 5456개로 4만 268개(38.3퍼센트) 늘었다. 반면 직원 500명 이상의 기업은 같은 기간 671개에서 638개로 33개(4.9퍼센트) 줄었다. 삼성이 대표적이다. 땅 보는 눈이 예사롭지 않은(래미안으로 재건축 시장을 주도해 온 실력을 보라) 한국의 대표 기업인 삼성이 2016년 초 광화문에 있는 본사 건물을 부영에 매각한 것은 단순하게 볼 일이 아니다. 서울 강남의 랜드마크였던 삼성전자와 삼성물산은 다른 곳으로 떠났다. 특히 삼성물산의 이동은 주목할 만하다. 삼성전자가 자사 연구기관이 밀집해 있는 수원으로 떠난 것과 별개로 삼성물산의 이동은 서울의 중심이 바뀐다는 신호로 해석할 수도 있기 때문이다. 삼성물산이 2016년 상반기에 이전한 판교에는 이미 삼성중공업, SK케미칼, NC소프트, 한국파스퇴르연구소, 메디포스트, 넥슨코리아 등 300여 업체가 들어서 있다. 이곳에는 특히 IT업체가 많이 몰려 있어 '한국의 실리콘밸리'로 불릴 정도다. 과거 강남 테헤란밸리에 있던 업체들이 판교로 몰려간 모양새다. 서울의 무게 축은 이미 동남쪽으로 '확' 쏠려 있는 상황이다.

기업을 따라 주택과 상권도 움직인다. 수많은 기업이 몰린 판교는 과거 강남이 그랬듯 부동산 쏠림 현상이 나타나고 있다. 부동산114에 따르면 2016년 6월 판교 아파트는 3.3제곱미터당 평균 2320만 원에 거래되었다. 이는 강남 3구 중 한 곳인 송파구의 평균 매매가격인 2318만 원보다 높은 수준이다. 상승률도 다른 지역을 압도한다. 이 시점 기준, 판교의 3.3제곱미터당 집값은 4년 전인 2012년 말의 2092만 원보다 10.9퍼센트 올랐다. 같은 기간 서울 아파트의 3.3제곱미터당 매매가 평균 상승률 8.6퍼센트(1651만 원

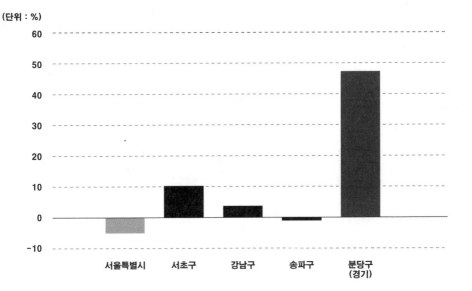

(단위 : %)

지난 10년간 서울 강남 3구와
분당구의 인구 변화
서울 전체를 포함해 조사 지역
대부분에서 인구가 감소하고 있는
반면, 강남 3구와 판교가 있는
분당구는 오히려 인구가 증가하는
것을 볼 수 있다.
자료 출처: 통계청

→1793만 원)보다 높다.

인구로 따져 보자. 통계청에 따르면, 2016년 5월 기준 서울 인구는 1988년 이후 처음으로 1000만 명 밑으로 내려갔다. 그런 까닭에 서울의 힘이 빠지는 것 아니냐는 우려도 있지만, 사실 그렇지는 않다. 서울이라는 명칭은 특정 지역에 인위적인 선을 그어 둔 행정구역일 뿐이다. 반면 인간의 자연스러운 행동은 그런 인위적 행정구역에 제약받지 않는다. 행정구역으로서의 서울이 아니라 대중의 마음속에 있는 서울은 이미 동남쪽으로 내려와 있다.

그 증거는 통계에서 쉽게 찾아볼 수 있다. 서울시 전체 인구는 2016년 5월 999만 5784명으로, 10년 전인 1995년에 견주면 5.3퍼센트 줄어들었다. 반면 강남·서초·송파 3구의 인구는 같은 기간 162만 6297명에서 168만 3561명으로 오히려 3.5퍼센트 증가했다. 이 기간에 판교가 포함되어 있는 경기도 분당구의 인구를 보라. 34만 244명에서 50만 1889명으로 10여 년간 47.5퍼센트 급증했다. 서울의 중심이 변화하고 있다는 의미다. 더 자세히 보자. 10년간의 트렌드에서는 강남 3구의 인구가 늘어나는 것으로 나타나지만, 2016년 1~5월만 보면 미세하게 감소하는(-0.6퍼센트) 것으로 나타난다. 분당구가 여전히 증가세(0.2퍼센트)를 보이는 것과 대조적이다.

인구가 몰리면 상권도 재편된다. IT 업체가 집중되어 있어서 그럴까? 현대백화점 판교점은 특히나 IT 관련 매출이 높다고 한다. 《한국경제》의 보도를 보면, 현대백화점 판교점의 삼성전자 매장 매출이 현대백화점의 다른 점포 14곳에 있는 삼성전자 매장 월평균 매출보다 7.5배 높다고 한다. 판교점의 삼성전자 매장 매출은 약 30억 원으로 기존 삼성전자 매장 매출 1위였던 롯데백화점 소공동 본점의 약 10억 원에 견주어도 3배에 달한다.●

동남권 이외에 서울 한강 이북 쪽에서 유일하게 남아 있는 중심축이 바로 광화문과 홍대 권역(신촌·홍대·합정·망원)이다. 특히 홍대는 문화와 상권 중심지로서 꾸준히 명맥을 이어 가고 있다. 이곳은 홍대라는 문화 자원을 가지고 있는 동시에, 일산 같은 외곽 지역의 소비자들을 끌어들일 수 있는 중요한 길목에 놓여 있다. 중국인 관광객들이 손쉽게 들어올 수 있다는 지리적 이점도 빼놓을 수 없다. 공항철도가 홍대입구역으로 연결되어 있어서 홍대 권역에는 수많은 외국인 관광객이 몰린다. 글로벌 부동산 컨설팅 기업인 쿠시먼앤드웨이크필드가 분석한 내용도 이와 비슷하다. 이 업체는 외국계 부동산 투자자들이 서울에서 가장 선호하는 투자 대상으로 강남역, 가로수길, 광화문, 홍대 네 곳을 꼽았다.●●

부동산이라는 물리적 토대는 자본을 담는 그릇이다. 자본은 동남권과 홍대를 중심으로 계속해서 쌓일 것이다. '힙'한 문화가 유입되는 을지로나 예술가가 모여든 문래 같은 곳에서 대규모 젠트리피케이션이 나타나지 않는 이유는 대규모 부동산 쏠림 현상이 나타나지 않기 때문이다.

젠트리피케이션이 화두로
떠오를 수밖에 없는 시대

그렇다면 왜
젠트리피케이션에 대해 임대료 문제만 부각되어 왔을까?
그 이유를 아는 것도 중요하다. 일단 예를 들어 보자. 한
국 사회에서 젠트리피케이션 현상이 어떤 식으로 받아들
여지고 있는지 보여주는 데는 서촌의 사례가 적합하다.
서촌은 원래 전통적인 주거지였던 곳이기 때문에 2014년
께 국내에서 본격적으로 젠트리피케이션이라는 새로운
이슈가 사회문제로 떠올랐을 때 주목받았던 곳이다. 그
뿐 아니라 주거지와 전통 시장(상업지) 등에서 나타나는
다양한 현상을 적나라하게 볼 수 있는 곳이기도 하다.

지금처럼 젠트리피케이션이라는 용어가 대중적으로
사용되기 전까지만 해도, 학자들은 이 단어를 굉장히 중
립적인 의미로 쓰거나 오히려 긍정적인 의미로 사용했다.
'젠트리gentry(귀족)'들이 들어오면서 도시 환경이 개선되
는 측면에 초점을 맞췄기 때문이다. 2015년 여름, 서울시
의 도시재생 관련 공청회에서 만난 한 교수는 이렇게 말
하기도 했다. "요즘 사람들이 자꾸 젠트리피케이션, 젠트
리피케이션 하는 것이 좀 적응이 안 돼요. 예전에는 좋은
의미로 많이 썼는데 말이죠." 일반인들이 제대로 모르면
서 용어를 오용하고 있다는 식이다. 그러나 '오용'은 아니
다. 젠트리피케이션에는 좋은 측면과 나쁜 측면이 모두
담겨 있기 때문이다. 허름한 곳을 세련되게 바꿔 주는 것

• 〈'IT족' 몰려드는 현대백화점 판교점〉,
《한국경제》, 2015년 10월 12일, http://
www.hankyung.com/news/app/
newsview.php?aid=2015101230301.
•• 〈세계 최고 부자는 왜, 가로수길
5층 건물을 샀나〉, 《조선일보》, 2017년
1월 4일, http://news.chosun.com/
site/data/html_dir/2017/01/03/2017
010302446.html.

이 '절대 선'이었던 개발 시대 때 강조되던 의미와, 개발이 끝난 뒤 저성장에 맞닥뜨린 지금 강조되는 지점이 같을 수는 없다.

2014년 당시에는 경복궁 서쪽 동네인 서촌이 막 '뜨는 동네'가 되어 가고 있었다. 이 동네는 하루가 다르게 변하고 있었다. 서촌에 살던 한 기자는 "놀러 오는 사람들 때문에 시끄러워서 못 살겠다"는 하소연을 했다. 그 동네에 대해 잘 알려면 자주 찾아가 보는 수밖에 없다. 수 차례 이곳을 찾아 사람들과 만나 이야기를 나누다 보니, 핵심적인 변화 양상을 찾아낼 수 있었다. 그것은 바로 주택이나 사무실로 쓰던 건물을 음식점이나 카페로 바꾸는 경향이었다.

이런 현상을 정량적으로 분석하기 위해 자하문로에서 수성동 계곡 쪽으로 향하는 길인 자하문로 7길(체부동 19번지 일대) 주변 건물 여덟 곳의 일반건축물대장에 표시된 연도별 건축물 용도를 분석했다. 집, 사무실, 생활과 밀접한 소매점 등이 음식점, 카페, 커피숍 등으로 바뀌는 현상이 빠르게 나타나고 있는 것을 확인할 수 있었다.

이런 변화는 특히 2012년 이후 급격하게 나타났다. 2014년 말 주거 면적은 801.17제곱미터로, 2012년의 878.05제곱미터보다 8.8퍼센트 줄어들었다. 반면 카페나 음식점 등의 면적은 705.49제곱미터로 2년 전(307.7제곱미터)보다 129.3퍼센트 증가했다.

근린 생활 시설 위주인 자하문로 7길 바로 뒤쪽은 주거지다. 그 주거지의 골목길인 자하문로 5가길을 따라 늘어선 한옥을 대상으로 주거 환경에 어떤 영향을 미쳤는지 알아보았다. 한옥 14채를 취재 대상으로 삼아 일일이 찾아가 보았다. 그랬더니 최근 1년 사이에 새 거주자가 들어와 살거나 건물주가 바뀐 곳이 일곱 곳이나 되었다. 거주자나 건물주가 곧 바뀔 예정인 곳도 두 곳이었다. 주민 60퍼센트가 교체되었거나 바뀔 예정인 셈이었다. 이 모든 것이 최근 1년 사이에 일어난 일이다.

경복궁역 바로 옆 금천교시장은 원래 식당들이 들어서 있었다. 서촌이 뜨면서 이곳은 완전히 '핫 플레이스'가 되었다. 그 시장 골목과 연결되는 주거지 골목인 자하문로 1라길도 함께 조사해 보았다. 상권이 넓어지면 분명 이 길 쪽으로 확산될 것이라고 보았다. 역시 예상대로였다. 일반 주거용 한옥들은 식당으로 변해 가고 있었다. 시장에 맞붙

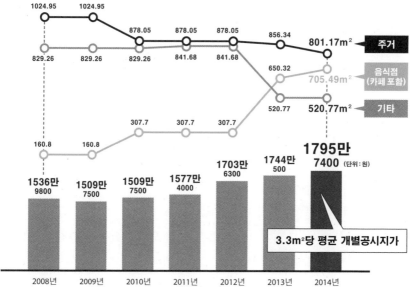

서울 서촌 '뜨는 거리'의 건축물 용도별 면적 변화와 땅값 추이

서촌의 자하문로7길에 있는 건물 8개의 건축물대장을 분석해 용도별 면적을 산출해 보니, 음식점(카페)이 크게
늘어나는 현상이 나타났다.

어 있는 한옥부터 하나씩 차례차례 변해 갔다. 첫 한옥은 찜닭을 파는 식당으로 바뀌었고, 그 뒤에는 술집이, 이어 식당과 게스트하우스 등이 들어섰다.

주거용 건물이 하나씩 근린 생활 시설로 바뀌는 도미노 현상은 상권이 확장되는 과정에서 나타날 수 있는 당연한 현상이다. 정주 여건이 악화되기 때문이다. 2014년 가을, 금천교시장 옆에 살던 한아무개 씨를 만났다. 그는 서촌의 다른 곳으로 이사 갈 수밖에 없었던 사정을 이렇게 설명했다. "사람들이 밥을 먹고 나와서 우리 집 앞에서 담배를 피워요. 담벼락에 토하고, 오줌 싸고, 시끄럽게 떠들었죠."

서촌은 뜨는 동네가 되면서 주거용 건물을 근린 생활 시설로 용도 변경하는 사례가 부지기수로 나타났다. 카페와 식당 등으로 바뀐 상업용 건물은 동네에 거주하는 주민들을 밀어내고, 도시 관광객들을 맞아들이기 시작했다.

물론 이런 변화를 부정적으로만 볼 필요는 없다. 도시는 항상 양면적이다. 외부인이 전혀 유입되지 않는 도시는 '고인 물'처럼 천천히 쇠퇴한다. 물이 흐르듯, 사람들이 적당히 나가고 들어와야 도시에 활력이 생긴다. 문제는 그 흐름의 속도다. 재개발처럼 한꺼번에 모든 주민이 뒤바뀌는 일이 벌어진다면, 그 동네는 원래 가지고 있던 정체성을 잃고 만다.

당시 서촌의 변화는, 기존에 이곳에서 살던 사람들이 느끼기에는 지나치게 빨랐던 것 같다. 주민들이 감당할 수준이 아니었다. 특히 취약 계층일수록 그 변화의 충격을 크게 받았다. 자하문로 5가길에서 만난 사람들의 말을 들어 보았다.

"2014년 4~5월인가, 52평(토지)짜리 집이 10억 4000만 원에 팔렸다고 하더라고요. 재일교포가 사서 게스트하우스로 바꾸고 있어요."

그 집에는 독거노인 다섯 명이 살고 있었다. 워낙 오래된 집이라 임대료는 거의 없었다. 건물이 거래된 뒤 세 명은 복지시설로 떠나야 했다. 그리고 한 명은 행촌동, 다른 한 명은 홍은동으로 이사 갔다. 행촌동과 홍은동은 서울에서 그나마 임대료가 낮기로 소문난 동네다.

나는 행촌동으로 간 김아무개 씨를 서촌에서 만날 수 있었다. 당시 그는 한국 나이로 일흔다섯 살이었다. 이곳의 보건소에서 진료받을 일이 아직 남아 있어 서촌에 여전히 들르고 있다고 했다. 그는 이렇게 말했다. "그 집에 살 때는 관리인 노릇을 하면서 전세금 1000만 원만 내고 살았지. 그런데 행촌동으로 이사 가게 되면서 전세금 6000만 원을 구해야 했어. 나는 그나마 돈이 좀 있어서 다행이지. 집주인이 월세 5만 원도 못 내는 사람이 있어 골치 아파했는데, 비싸게 산다는 사람이 있으니 판 거지 뭐."

오래된 건물은 약자들을 품는다. 월세 5만 원도 못 내는 사람은 이 건물에 의지해 삶을 꾸려 나갈 수 있었다. 건물이 낡은 탓에 임대료를 높게 받기 어려웠기 때문이다. 그러나 새로 건물을 구입한 사람은, 투자금을 회수하기 위해 임대료를 높이는 작업을 시작한다. 일단 건물의 외장재와 인테리어에 돈을 쓴다.

새 건물, 새 건물주는 새로운 사람들을 받을 수밖에 없다. 나는 당시 서촌의 부동산을 제집 드나들듯 다녔다. 건물을 살 것처럼 구체적으로 질문하기 시작하면, 부동산은 수많은 유혹을 던진다. 나는 대략 6억~7억 원대 건물을 찾고 있다고 했다.

"사장님, 이 건물은요, 임대료로 한 달에 200만 원은 받을 수 있어요."

"지금은 얼마나 받고 있는데요?"

"아, 워낙 오래 살았던 사람들이라 임대료를 한 번도 안 올려서 적긴 해요. 그런데 거래하면서 지금 집 주인에게 세입자들 다 빼달라고 하고, 벽지 다시 바르고 하면 충분히 200만 원은 받아요."

그 건물을 사지 않았으니 부동산 사장의 말이 사실인지 아닌지는 알 수 없다. 다만 그런 기대감을 안고 건물을 산다면, 주변 시세가 그렇게 형성되어 있지 않더라도 200만 원 가까운 임대료를 받으려고 애쓸 것 같다. 그만큼 기대감을 가지고 새 부동산을 구입했으니, 그에 '마땅한' 투자수익을 얻으려 할 가능성이 높다는 뜻이다. 더욱이 신경 쓰일 수밖에 없는 세입자 없이 완전히 새로 시작할 수 있다. 이런 과정을 거치며 동네의 인적 구성은 빠르게 바뀌고, 임대료도 덩달아 올라간다.

앞서 말했듯 변화가 생긴다는 점 자체만 보면, 도시의 활력을 높인다는 측면이 있어서 무조건 나쁜 일이라고 비난하기는 어렵다. 헌 집이 새 집이 되면서 주변 분위기가 좋아지고, 새로운 사람들이 들어와 새로운 만남의 기회가 열린다. 그러나 짐을 싸야 하는 세입자들로서는 너무나도 가슴 아픈 일이 아닐 수 없다. 이렇게 '뜨는 동네의 역설'이 시작된다.

무대를 통인시장으로 옮겨 보자. 통인시장은 서촌에 있는 전통 시장으로, 주로 이 동네에서 사는 주민들을 위한 갖가지 신선 식품을 판매하는 곳이었다. 그러나 동네에 놀러 오는 사람들이 늘면서 분위기가 바뀌었다.

주말에 찾은 통인시장은 발 디딜 틈이 없을 정도로 방문객들로 붐볐다. 작은 전통 시장이다 보니 골목길의 폭이 2미터 정도밖에 되지 않아 예닐곱 명의 무리만 만나도 가던 길을 멈춰야만 했다. 사람들은 이곳의 명물인 기름떡볶이 가게 앞에 모여 길을 막고 있었다. 이 모습을 보던 한 상인이 혀를 끌끌 찼다.

"주말에 오는 사람들은 여길 놀러 온 거니까, 시간 가는 줄도 모르고 세월아 네월아 하며 계속 있어. 그걸 보면 속에서 천불이 나더라고. 즉석 먹거리 파는 곳만 좀 손님이 있는데, 건물 주인들만 좋아졌지."

2014년 당시 통인시장에서 반찬 가게를 운영하던 아주머니는 보증금 1000만 원에 월세 60만 원씩 내던 임대료가 2013년 9월부터 보증금 2000만 원에 월세 120만 원으로 올랐다고 한다. 그는 이렇게 말했다. "방문객이 늘어나면서 임대료가 오른 것인데, 실제 매출은 오히려 조금 줄었어요."

건어물 가게를 하는 할머니의 말도 비슷했다. 할머니는 내게 이렇게 전했다. "최근 건물주가 바뀌면서 월세가 20만 원에서 40만 원으로 올랐지만, 매출은 예전에 비해 3분의 1도 안 돼. 월세를 곱배기로 올려 놓고 조만간 또 올린다고 하더라고. 시장 버려 놨다고 다들 그런다니까. 골이 아파. 가게를 안 할 수도 없고……."

다른 시장에서 만난 상인들도 갑자기 오른 임대료에 괴로워했다. 옥인동에서 15년 동안 꽃가게를 하는 아버지를 돕고 있던 20대 중반의 송아무개 씨는 폭등하는 임대료 때문에 '초조하고 불안하다'고 했다.

"월세가 70만 원이었는데, 최근 100만 원으로 올랐어요. 그런데 또 오를 것 같아요. 우리 가게가 나가면 건물주가 새 세입자한테는 월세를 150만 원씩 받겠다고 했대요. 여기서 나가 봐야 다른 곳도 임대료가 다 같이 올라 딱히 옮길 곳을 찾기도 쉽지 않아요. 너무 막막합니다."

2014년 말 당시, 체부동에서 9년간 매운탕 장사를 해온 김아무개 씨의 사정도 마찬가지였다. 그는 2014년 4월 집주인이 갑자기 나가 달라고 요구했다고 한다. "애 아빠가 정년퇴직했을 때를 대비해 시작한 일이에요. 지난해 남편이 정년퇴직을 하게 되어 이제 노후를 위해 본격적으로 잘해 보자고 하던 때인데, 갑자기 나가래요."

가게를 빼지 않자 집 주인은 김 씨를 상대로 소송까지 걸었다.

"허름한 한옥이라고 임대료가 싼 편이었거든요. 열심히 수리해 쓰면서 애착을 갖고 관리해 왔는데 이럴 수는 없지요. 4~5년 전에 집주인이 이 집을 사라고 했을 때 샀어야 했는데. 그땐 한옥이라고 담보대출도 적어서 안 샀어요. 그랬는데 이젠 한옥이라고 비싸져서는 이런 상황이 되어 버렸네요."

한국 사회에서 젠트리피케이션 현상의 의미를 이야기하면서 부정적 측면에 방점을 찍는 이유는, 그 속도가 너무나 빨라 수많은 사람들의 삶에 악영향을 미치고 있기 때문이다. 특히 최근 도드라지게 나타나고 있는 불평등 문제와 결합되면서 젠트리피케이션은 건물주와 세입자 간 격차 문제로 비화되어 강력한 이슈로 떠올랐다.

언론은 특히 상가 세입자 문제에 집중할 수밖에 없었다. 상인들은 매장에 들어가면 비교적 쉽게 만날 수 있는 데다 세입자가 바뀌면 간판이 바뀌는 등의 외형 변화로 이어져 쉽게 노출되기 때문이다. 그러다 보니 언론은 상가 세입자들이 밀려나는 현상에 집중해 보도했다. 그러면서 젠트리피케이션은 곧 상가 세입자 문제로 여겨지기 시작했다.

이런 상황에서 젠트리피케이션 이슈는 건물주와 세입자 간 문제로 인식되는 것은 당연한 일이다. 젠트리피케이션을 다룬 한 포럼에서 '맘상모(맘 편히 장사하고픈 상인 모임)' 회원은 이렇게 말했다.

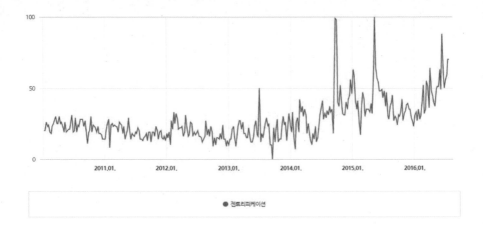

100

50

0

2011.01.   2012.01.   2013.01.   2014.01.   2015.01.   2016.01.

● 젠트리피케이션

네이버 검색어 트렌드 조회
네이버에서 검색어 트렌드를 조회해
'젠트리피케이션'이라는 단어가 얼마나
사용되었는지 살펴보았다.
자료 출차: 네이버, 2016년 8월 기준.

"젠트리피케이션이란 단어가 이슈가 되면서 좋아진 면이 있어요. 상가임대차 문제로 기자들을 부르면 거의 오지 않는 경우가 많았는데, 이제 젠트리피케이션이란 이름을 붙이니 기자들이 엄청나게 관심을 갖더라고요."

불평등의 시대를 그대로 보여줄 만한 아이템인 데다 새로운 용어가 주는 신선한 느낌 덕분에 언론의 관심도 컸던 것이다.

네이버의 검색어 트렌드 조회 시스템인 데이터랩(datalab.naver.com)을 통해 젠트리피케이션에 대한 관심이 얼마나 높았는지 따져 보았다. 위 그래프는 네이버에서 검색된 횟수를 주간으로 합산해 조회 기간 내 최대 검색량을 100으로 했을 때의 상대적 검색량을 표기하는 방식으로 그린 젠트리피케이션에 대한 관심도다.

이 그래프를 보면 젠트리피케이션에 대한 관심이 2014년 하반기부터 급격히 높아져 2016년 8월까지도 30~40

수준으로 높게 나타나고 있는 것을 알 수 있다. 젠트리피케이션이라는 단어는 대중의 마음을 사로잡았다. 학술 용어로 쓰이던 이 단어가 대중적 언어로 내려온 이유가 무엇일까? 어떤 점이 대중의 공감대를 이끌어 냈을까?

그 이유는 저성장과 양극화 같은 시대적 현상과 관련 있는 것으로 보인다. 그러니 자연스럽게 젠트리피케이션의 다양한 측면 중 건물주와 세입자 간 격차 문제에 집중하게 되는 것이다.

'임차인 사회'의 도래

2008년 글로벌 금융위기 이후 세계는 이전과 다른 상황을 맞이하게 되었다. 그때까지만 해도 한국은 다른 많은 국가들과 마찬가지로 자가 주택 소유를 확대하는 정책을 써왔다. 하지만 자가 소유 위주의 주택정책은 금융위기 이후 흔들리기 시작했다. 집값이 상승할 거라는 기대감이 적다 보니 거래가 줄고, 철거형 재개발이나 재건축이 이뤄지지 않으니 그에 따라 자연히 주택 공급량도 감소하기 시작했다. 집을 보유하고는 있지만 무리한 대출로 말미암은 이자 부담 탓에 빈곤하게 사는 '하우스 푸어' 문제도 불거졌다. 여기에 더해 저출산과 고령화 트렌드는 장기적인 주택 수요에 대한 불안감도 자극했다. 금리가 낮으니 전세는 월세로 빠르게 전환되었다. 저성장은 또한 주택시장의 신규 진입자들을 좌절시켰다. 청년 세대는 이제 주택을 매입하려 하지 않는다. 소득이 적다 보니 아예 '내 집 마련의 꿈'을 가질 여지도 없어진 셈이다. 저금리에 전세가 월세로 전환되다 보니, 이제 사람들은 적절한 수준의 '부담 가능한affordable' 월세 주택에서 살기를 바란다. 이제 서민들에게 '내 집 마련'은 더 이상 꿈이 될 수 없다. 이들에게는 어떻게 하면 '저렴하게 안정적으로 거주할 수 있을 것인지'가 핵심 과제가 된 것이다.

이런 가운데, 기업은 저성장이라는 충격파로부터 개인을 보호해 주는 완충장치 구실을 하지 못하고 있다. 기업은 일찌감치 고용을 줄이고 유보금을 쌓으며 확실한 투자처를 찾는 데만 골몰하고 있다. 청년들은 고용 기회마저 잃었고, 중년들 역시 언제 회사에서 탈락할까 걱정하는 불안정한 삶에서 벗어나지 못한다. 개인들은 스스로 자신을 챙길 수밖에 없다.

개인은 두 그룹으로 나뉘었다. 그 둘을 나누는 기준은 바로 부동산이다. 부동산 중에서도 매달 임대료가 '따박따박' 나오는 상가주택은 상징적인 자산이다. 임대용 건물 중에서도 수익성이 가장 높은 상가 건물로 관심이 쏠리는 것은 어찌 보면 당연한 일이다. 부동산을 가진 이들은 자신의 부동산을 어떻게든 상가 건물로 바꿔 임대료를 뽑아내려 하고, 반대로 기업에서 탈락한 사람들은 자영업에 나서는 구조가 완성되었다. 부동산을 중심으로 양극화 구도가 만들어진 셈이다.

두 종류의 인물군은 저성장이 빚어낸 '뜨는 동네'라는 무대 위에서 서로 맞닥뜨렸다. 그리고 임대용 건물로 전환하는 데 성공한 이들과 그 건물에서 어떻게든 돈벌이를 해야만 하는 이들 간의 이해관계 충돌은 한국 사회가 당면한 문제를 그대로 보여주기에 부족함이 없었다. '조물주 위에 건물주'라는 표현이 말해 주듯, 모두가 상가 건물의 건물주가 되고 싶어 하는 사회에서 우리는 서로 가해자와 피해자가 되어 싸우고 있다.

이런 현상이 한국에서만 일어나는 일은 아니다. 금융위기 이후 서울을 포함한 전 세계 도시에서 이와 비슷한 문제가 나타나고 있다. 이는 앞서 거론했던 '임차인 사회'라는 트렌드로 미국에서 먼저 등장했다. 금융위기에서 아직 벗어나지 못했던 2011년 7월 미국의 투자회사인 모건스탠리는 〈주택시장 인사이트: 임차인 사회A Rentership Society〉라는 제목의 보고서를 냈다. 이 보고서에서는 다음과 같이 진단했다. "집값 하락과 주택담보대출 확대의 제약, 유동성 증가, 대안으로서 임대주택 등장 등에 의해 미국인의 삶이 근본적으로 바뀌고 있다. 우리는 이런 변화가 이제 막 시작됐으며, 앞으로 이 나라를 임차인 사회로 만들어 나갈 것이라 믿는다." 보고서 작성에 참여했던 모건스탠리의 당시 주택전략본부장 올리버 창Oliver Chang은 2012년 회사를 그만두고 임대주택 시장에 투자하는 헤지펀드 사업을 시작하면서 이렇게 밝혔다. "미국은 '임차인 사회'로 향하고 있다. 나는 임대주택을 구매하고 전문적으로 관리하는 일이 가장 중요한 투자 기회 중 하나가 될 것이라 본다."● 창의 말처럼 한국에서도 주택을 구매하고 전문적으로 관리하는 일은 가장 중요한 투자 기회가 되고 있다. 빈집을 싸게 빌려 적절히 리모델링하고 다시 임대를 내어 이익을 창출해 내는 모든 사업이 여기에 포함되는 사례다.

한국토지주택공사LH 토지주택연구원의 진미윤 박사와 당시 서울연구원 원장이었던 김수현 청와대 사회수석은 함께 쓴《꿈의 주택정책을 찾아서》(오월의봄)에서 글로벌 주택시장의 10대 트렌드 중 하나로 '임차 수요 증가로 임차인 사회가 도래하다'를 꼽았다. 탈소유, 투자 수요 감소, 실거주 수요 증가, 대출시장 규제 강화, 임대용 주택 부족 등 다섯 가지 요건에 따라 임차인 사회가 될 수밖에 없다는 것이다. 이들은 다음과 같이 설명한다. "지난 20세기가 자가 소유 사회였다면 21세기는 임차인 사회가 될 것이다. (…) 1970년대 이후 세계적으로 임대차 시장이 이렇게 정치적 핫이슈로 부상한 적은 한 번도 없었다." 최근 외신에서 젠트리피케이션과 관련한 뉴스를 쉽게 볼 수 있는 것도 바로 이런 이유 때문이다. 즉, 젠트리피케이션이라는 현상은 저성장 이후 임차인 사회로 향하는 길목에서 나타난 부작용이다. 한국에서 젠트리피케이션이 중요한 키워드로 떠오른 것은 결코 우연이 아니며, 세계적인 트렌드와 공조하고 있음을 보여준다.

● "Hedge Funds As Landlords? In Search Of Returns, Wall Street Buys Up Foreclosed Homes", *Forbes*, Aug 3, 2012, http://www.forbes.com/sites/halahtouryalai/2012/08/03/hedge-funds-as-landlords-in-search-of-returns-wall-street-buys-up-foreclosed-homes/#4432f200481c.

한편, 젠트리피케이션에는 항상 세트로 '뜨는 동네'라는 개념이 뒤따라다닌다. 여기서 주목해야 할 점은 뜨는 동네를 만드는 주체가 누구냐는 것이다. 지금까지 쇼핑을 즐기던 젊은이들은 주로 백화점에 갔다. 하지만 지금의 젊은이들은 거리를 더 좋아한다(물론 과거에도 압구정 거리 같은 곳이 없었던 것은 아니다).

이는 통계에도 그대로 반영된다. 서울시가 3년간(2013~2015년) '뜨는 동네'의 카드 매출 데이터를 살펴보니, 전체 매출 가운데 20대가 돈을 쓴 비중은 상수 지역에서 지난해 51.7퍼센트로 절반 이상을 넘었다. 2013년과 2014년에는 각각 41.5퍼센트와 46.8퍼센트였다. 같은 기간 경리단길에서 20대 매출 비중은 '18.2퍼센트→26.4퍼센트→29.2퍼센트'로 늘었고, 이태원은 '29.6퍼센트→33.5퍼센트→35.5퍼센트'로 증가했다. 연남동에서는 20대 매출 비중이 '17.4퍼센트→22.2퍼센트→28.7퍼센트'로 빠르게 늘고 있다.

이는 최근의 트렌드와도 관련이 있다. 사회가 성숙하면서 젊은이들의 문화적 소양은 더욱 깊어지고 다양해졌다. 과거에 전문가 한 명이 디자인을 해 비슷한 형태로 꾸며 놓은 백화점은 일반 거리보다 더 세련된 모습이었다. 그러나 이제는 건축업자라든지 상인이라든지 다양한 계통의 다양한 디자이너가 설계한 디자인이 폭넓게 분포하고 있는 거리가 더 매력적이다. 다양성이라는 점에서 단일한 전문가가 넘어설 수 없는 벽이 있기 때문이다. 그런 면에서 크라우드 펀딩이라든가 롱테일의 법칙과 같은 현대 사회를 이끄는 트렌드에 '뜨는 거리'가 맞닿아 있다. 사람들의 관심이 집중되어 있는 공간적 좌표 위에 양극화 이슈를 얹어 놓으니 '뜨는 동네의 역설'인 젠트리피케이션이 사회 전면에 떠오르게 된 것은 어쩌면 당연한 일인지도 모른다.

도시재생의
경제 문법

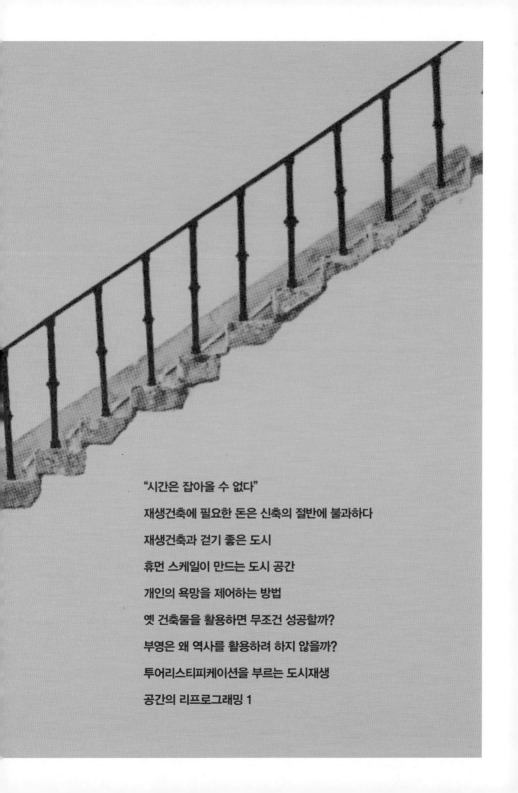

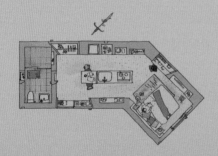

저성장 시대에 접어들면서 우리 사회는 더 이상 재개발의 경제 논법을 받아들일 수 없게 되었다. 누군가 돈을 들여 원래 있던 낡은 건물과 흉물처럼 변해 버린 인프라 등을 한꺼번에 밀어내고 새로 도시를 만드는 '철거형' 재개발은 한국의 성장률이 최고조에 이르렀던 1990년대까지 대세처럼 진행되어 왔다. 인구가 증가하며 부동산 수요가 늘어나고 부동산 자산의 가치가 기하급수적으로 증가하는 상황에서는 철거하고 새로 짓기만 하면 들어오려는 사람들이 줄을 섰다. 건물만 지으면 무조건 이익이 나던 시대였다.

그러나 저성장 시대에 접어든 지금, 이런 시스템은 더 이상 작동하지 않는다. 서울의 경우 대부분의 공간에서 이미 개발이 마무리되었고, 인구 감소라는 거대한 흐름 속에서 이미 개발되어 공급이 이루어진 공간에서조차 수요가 부족한 상황이 벌어지고 있기 때문이다. 이런 상황에서 단독주택을 전부 허물고 불도저로 땅을 밀어 버린 뒤 고층 아파트를 지어 주거용 부동산을 대량 공급하는 기존 '도시개발'의 문법은 이제 (서울에서도 대부분의 곳에서) 더는 통하지 않는다. 개발 시대는 이제 끝났다.

무엇이든 간에 건물만 지으면 성공하는 개발 신화가

끝나면서, '도시재생'이라는 방식이 등장하게 되었다. 해외에서는 '리제너레이션(리젠)'이라는 말로 통용되는, 능동적 의미를 담은 이 방식은 기존의 개발과 달리 매우 복잡하게 작동한다. 예전에는 어떤 지역에서나 무엇이든 지으면 성공할 수 있었지만, 이제는 어느 지역이든 그 지역의 특성을 정확히 파악해 그 지역에서 소화해 낼 수 있는 수요를 찾아내는 복잡한 검토 과정이 선행되지 않으면 안 된다. 재생이란 사실상 쇠퇴한 도시를 활성화하는 방식이 더 이상 예전처럼 단순하지 않다는 점을 드러내 주는 하나의 이정표와 같은 단어가 되었다.

그렇다면 이제 다른 방식을 써야 한다. 과거와 같은 단순한 방식만으로는 도시 활성화는 꿈같은 일이다. 막대한 투자금을 들여 헐고 새로 지으면 성공하던 문법은 사라졌다. 도시재생의 시대에는 철저하게 투자와 이윤을 따지는 복잡한 셈법을 선행해야 한다. 적절한 투자금을 들여 그 투자금을 상회하는 적절한 이윤을 얻는 것이 그 첫 번째 목표다. 그것이 가능한 곳에는 어찌 되든 자본이 모여들고, 자본이 모여드는 곳에서는 도시 활성화가 이루어지기 마련이다.

투자 대비 수익을 따지려면 먼저 투자금을 줄이려는 노력부터 해야 한다. 사람들은 의외로 재활용의 경제성에 대해 잘 모른다. 기존의 건축물을 상당 부분 그대로 남겨 증축하는 재생건축은 신축에 견주면 비용이 40~50퍼센트 정도밖에 들지 않는다. 기존의 건물을 재활용해 새로운 건물로 재탄생시키는 재생건축은, 그래서 도시재생에서는 필수적인 요소라고 할 수도 있다. 재생건축은 투자와 수익 사이의 긴장을 전제로 한다.

재생건축은 이런 유형의 경제성 이외에도 또 다른 무형의 경제성을 가지고 있다. 바로 감수성이다. 옛것에 담겨 있는 시간의 힘은 재생건축이 이루어진 건축물 안에 오롯이 담겨 있다. 새것과 옛것의 조화는 사람들의 감수성을 자극해 입주자들을 끌어들이고 임대료를 높인다. 이는 수익을 높여 주는 요소다. '옛것'은 당위적인 요소가 아니라 경제적인 요소다.

19세기 초에 프랑스 경제학자인 장 밥티스트 세Jean Baptiste Say가 주창했던 '세의 법칙'에 따르면, 공급이 이뤄지면 그만큼 수요가 생겨난다. 공급이 스스로 수요를 창출한다는 의미다. 개발 시대의 우리나라에서는 이 법칙이 적용되었다. 개발을 해서 집을 지으면 무조건 수요가 존재했다. 공급이 엄청나게 부족했던 시기였기 때문이다.

그러나 이 이론은 1930년대의 세계 대공황을 설명하지 못하면서 '옛말'이 되었다. 마찬가지로, 우리나라에서 개발 시대는 저물고 말았다. 그 후 존 메이너드 케인스John Maynard Keynes의 유효수요 이론이 세의 법칙을 대체했다. 유효수요 이론은 수요가 자동으로 생기지는 않는다는 점을 강조했다. 이것이 바로 도시재생의 시대가 갖는 함의다.

다시 정리를 해보자. 도시재생은 도시개발과 크게 다른 말이 아니다. 다만 도시개발이 그저 건물을 새로 짓기만 하면 어느 정도 이윤을 창출할 수 있어 단순한 논리에 따라 옛 건물을 허물고 새로 짓고 싶은 건물을 지으면 되었던 반면, 도시재생은 지역적 특성에 맞춰 이윤을 창출할 수 있는 복잡한 셈법을 거쳐야 한다. 그러니 이윤을 창출하는 가장 첫 단계로, 당연히 비용 절감이 필요하다. 그것이 바로 도시재생 시대에 재생건축이 떠오른 이유다. 여기에 옛 건물이 가진 매력이 이윤을 극대화하니, 재생건축은 도시재생에 필수적인 요소일 수밖에 없다.

"시간은 잡아올 수 없다"

전두환, 노태우 두 전 대통령의 거주지로 유명했던 서울 서대문구 연희동에서는 지난 2010년께부터 커다란 변화가 나타나고 있다. 주거용 건물이 음식점이나 카페로 바뀌며 외부에서 유입되는 인구가 크게 늘어난 것이다. 이 현상은 그 양상에 따라 긍정적으로 해석될 수도, 부정적으로 풀이될 수도 있다. 부정적 요소는 관광지화에 따른 주민 이탈 현상(젠트리피케이션)이지만, 아직까지 연희동에 대해서는 긍정적인 해석이 더 많은 듯하다. 서촌 같은 곳에서 나타났던 부정적 영향 역시 크지 않았다. 낡은 건물에 취약 계층이 모여 살았던 서촌의 작은 건물들과 달리, 한 가

구가 살고 있는 넓은 저택이 상가용 건물로 바뀌는 경우가 많았기 때문이다. 사람 키를 훌쩍 뛰어넘는 높은 담장으로 둘러싸여 있던 연희동의 많은 단독주택이 담장을 허물고 거리를 걷는 사람과 소통하기 시작했다는 점에서, 오히려 긍정적인 측면이 더 많다고 볼 수 있다. 담장을 허문 곳에 만들어진 발코니를 중심으로 동네 사람들 간, 동네 사람들과 외부 사람들 간의 교류가 시작되었다. '사적 공유 공간'의 등장은 동네의 활력을 높였다.

그 중심에는 1993년부터 연희동에 살며 동네 건축 일을 해온 김종석 쿠움파트너스 대표가 있다. 김 대표는 이곳에서 50개 넘는 건물의 리모델링을 진행했으며, 또 그것을 성공시켰다. 여기서 말하는 성공이란 개별 건축물의 수익률 측면과 동네 전체의 활성화라는 측면을 모두 아우르는 것이다.

쿠움파트너스 사무실 앞에서 김종석 대표를 만나 연희동을 걸었다. 이곳의 어린이 놀이터인 궁뜰 어린이공원 앞에는 그가 재생건축으로 되살려 놓은 건축물이, 그의 또

김종석 대표가 설계한 두 건물
왼쪽 건물은 신축, 오른쪽 건물은
재생건축이다. 두 건물은 언뜻
보기에는 비슷해 보이지만, 깊은
감성을 건드리는 정취는 역시 옛
모습이 살아 있는 건물 쪽에서 더욱
느낄 수 있다.
사진 출처: 왼쪽은 사진작가 홍희라,
위 두 사진은 사진작가 김성용

다른 작품인 신축 건물과 나란히 서 있다.

재생건축으로 증축한 건물은 1970년대에 지었던 양식
이 그대로 살아 있다. 그 양식은 묘한 정감을 자극한다.
붉은 벽돌 하나하나를 사람이 정성껏 쌓아 올린 모습은
아날로그적 감성을 불러일으킨다. 요즘 나오는, 마치 자
로 댄 듯 한 치의 오차도 없이 하얗게 마감된 건축물들
과는 사뭇 다른 형태다.

형태적 아름다움은 공통의 규칙과 미묘한 변주에서
비롯된다. 규칙적으로 쌓아 올린 벽돌 모습은 하나하나

자세히 살펴보면 조금씩 다르다는 것을 눈치챌 수 있다. 우리가 자연을 보면서 아름답다고 느끼는 것은 그것이 진화심리학적으로 오랫동안 지켜보던 외부 환경이기 때문이다. 그 자연을 닮은 형태적 특징은 복잡하면서도 규칙을 가지고 있고, 명쾌한 규칙 아래에서도 조금씩 다른 변주를 갖는다. 아날로그적 감성이 사람들에게 아름다움이라는 감정을 갖게 하는 것은 바로 이 때문이다. 풍경화나 정물화를 두고, "왜 사진을 찍지 그림을 그리느냐?"고 묻는 것은 그 손맛이 만들어 내는 미묘한 변주의 즐거움을 인식하지 못하기 때문이다. 인간이 만들어 낸 것의 아름다움은 손맛에서 나온다고도 할 수 있다.

우리나라 사람들은 대부분 집을 생각할 때 1970년대에 지어진 2층집●의 이미지를 떠올린다. 김 대표는 그런 까닭에 연희동에서 쉽게 볼 수 있는 단독주택을 두고 "전 국민의 감수성을 자극하는 집의 형태"라고 설명한다. 지금 사각의 아파트에서 살고 있는 대부분의 사람들에게 이런 2층집은 과거의 향수를 불러일으킨다. 프랑스 철학자 가스통 바슐라르Gaston Bachelard는《공간의 시학》에서 다음과 같이 말했다. "첫 번째로 살던 집에서 생각과 기억의 틀이 처음 갖춰지고, 이런 생애 초기의 경험과 이후 행동의 연결은 사실상 끊어지지 않는다."●● 삶의 경험과 기억, 그리고 그 경험이 일어나는 장소 사이에는 특수한 연관성이 있다.●●●

심지어 이런 집을 경험해 보지 못한 세대조차 옛 건물을 매력적으로 느끼는 듯하다. 지금까지 보던 것과는 다른 이색적인 형태에 대한 끌림이 있기 때문일까? 김 대표는 이에 대해 이렇게 설명한다. "내가 어렸을 때 가장 처음 그렸던 집의 모습을 생각해 보면, 지붕은 세모이고, 네모난 창문에 십자 모양을 그렸어요. 다들 처음엔 그렇게 그리지 않나요?"

그렇다면 인류가 집의 원형으로 여기는 것은 무엇인가? 1964년 '바나 벤추리 하우스'를 완공하며 모더니즘과 결별한 로버트 벤추리Robert Venturi는 박공지붕■이나 기둥, 아치 등이 관습적으로 집이라 여겨져 온 주요한 '기호'라는 점을 강조했다. 벤추리는 많은 사람들이 공통적으로 가지고 있는 집에 대한 인식이 건축에서 얼마나 중요한지 처음으로 제안한 것이다. 1970~80년대에 지어진 연희동 건축물들은 인류 역사에서 가장 오랫동안 등장해 온 집의 관습을 그대로 따랐다는 점에서 김 대표의 '첫 그림'과 벤추리의 '관습적 기호'로서의 집은 서로 맥락이 닿는다.■■

이 같은 옛 건축물의 매력은 그대로 경제적 가치로 이어진다. 신축 건물은 집의 원형을 제대로 살려 내지 못하고, 또 옛것이 갖는 매력을 만들어 내기 어렵기 때문이다. 궁뜰 어린이 공원 앞에 있는 두 건물은 모두 김 대표의 손에서 나왔지만, 느낌은 사뭇 다르다. 미장원 '트리플헤어'가 있는 건물은 재생건축이며, 제이스버거가 있는 다른 건물은 신축 건물이다. 제이스버거 건물을 김 대표는 의도적으로 재생건축과 거의 비슷한 형태로 지었다고 한다. 그러나 김 대표는 그 감성이 신축에서는 어쩐지 살아나지 않는다고 말했다. 그는 이를 "시간은 잡아올 수 없다"라는 표현으로 대신했다. 오래된, 내가 살던 그 시대의 감성을 그대로 재현해 내기란 거의 불가능에 가깝다.

숱한 시간을 머금고 퇴색한 듯한 미묘한 컬러와 옛 건물의 형태는 그 자체로 아름답다. 이곳에서 50채가 넘는 건축물을 시공한 김 대표의 느낌으로는, 확실히 재생건축을 적용한 건물의 인기가 더 높은 것 같다고 말한다. 그 건물에 입주하려는 사람들도 많고, 손님들도 더 많이 찾아온다는 것이다.

실제로 두 건물의 임대료■■■를 계산해 보았다. 두 건물의 총 임대 면적에서 나오는 월세만을 기준으로 평당

● 반지하층 위에 2층 집이 얹어 있어 사실상 3층집인 경우가 많다.

●● 《공간의 시학》, 가스통 바슐라르, 곽광수 옮김, 2003년, 동문선.

●●● 《공간이 사람을 움직인다》, 콜린 엘러드, 문희경 옮김, 2016년, 더퀘스트.

■ 《마이클 폴란의 주말 집짓기》, 마이클 폴란, 배경린 옮김, 2016년, 펜연필독약. 르 코르뷔지에로 대표되는 모더니스트 건축가들은 집을 '주거를 위한 기계'로 보았고, 따라서 쓸모 없다고 여겨진 '박공 지붕'을 없애고 평옥으로 바꾸는 등의 트렌드를 만들어 왔다.

■■ "Postmodern architecture: Vanna Venturi House, Philadelphia by Robert Venturi," *dezeen*, https://www.dezeen.com/2015/08/12/postmodernism-architecture-vanna-venturi-house-philadelphia-robert-venturi-denise-scott-brown. 벤추리는 1982년 《건축적 기록(Architectural Record)》이라는 잡지에서 이런 말을 했다. "박공지붕과 굴뚝, 문과 창문과 같이 집의 근본적인 측면을 반영하고 있기 때문일까. 내 어머니의 집이 어린이들이 그리는 집과 비슷하게 생겼다고 말하는 사람들이 있다."

■■■ 2016년 10월 기준. 쿠움파트너스 제공.

연임대료를 따졌다. 임대보증금과 세금 등은 고려하지 않았다. 그 결과, 재생건축 건물이 1평당 연 103만 5000원, 신축 건물이 1평당 연 94만 5000원으로 약간이지만 재생건축 쪽 임대료가 더 높았다.

재생건축에 필요한 돈은
신축의 절반에 불과하다

그뿐만이 아니다. 이렇게 임대료를 뽑아 내기 위해 투자한 금액인 공사비를 비교해 보면 재생건축의 장점이 얼마나 큰지 알 수 있다. 다시 두 건물을 비교해 보자. 재생건축 건물(연면적 425.71제곱미터, 129평)은 증축 등에 투입된 공사비가 4억 5000만 원이었던 빈면, 신축 건물(연면적 715.96제곱미디, 217평)의 공사비는 12억 8000만 원에 달했다. 두 건물의 연면적 차이가 크기 때문에, 다시 1평당 공사비를 따져 보면 재생건축 건물이 평당 349만 원, 신축 건물이 평당 590만 원 수준이다.

1평당 임대료로 따지면 두 건물은 비슷한 수익을 창출해 내고 있는데도 투입 비용은 재생건축 건물 쪽이 신축의 60퍼센트 수준에 불과한 셈이다. 심지어 이 재생건축 건물에는 건물주가 거주하고 있으니 주거 인테리어 비용을 빼면 투입 비용 측면에서 격차는 이보다 더 크게 나타날 가능성이 높다.

재생건축은 건축 규제라는 측면에서도 신축보다 유리하다. 재생건축 건물은, 만약 새롭게 창출된 연면적 모두를 신축으로 만들어 냈다면 건축법에 따라 세 대의 주차 공간을 마련해야만 한다. 그러나 재생건축으로 증축한 부분에 대해서만 주차장 규제를 받게 되어 두 대의 주차 공간만 만드는 것으로 규제를 피해 갈 수 있었다. 주차장이 필수적이라는 지적도 있을 수 있지만, 그것은 사실 자동차 중심의 도시에서나 걸맞은 주장이다. 자동차를 위한 도시가 아니라 사람을 위한 도시를 만들기 위해서라면 얼마든지

층별	면적(m²)	보증금(만 원)	월세(만 원)
지하 1층	71.42	3000	200
지하 1층	20	1500	75
지하 1층	60	2500	170
1층	90.21	3000	280
1층	26	2000	80
2층	52	3000	120
2층	30	2000	90
2층	18	1000	60
합계	367.63	18000	1075

연희동 A건물 임대 공간의 보증금 및 임대료 현황(2016년 10월 기준)

자료 출처: 쿠움파트너스

*용도를 공개하면 건물이 특정될 수 있어 표시하지 않았다.

생각을 바꿀 수도 있는 것이다.

또 한 가지 사례를 들어 보자. 역시 김 대표가 연희동에 증축·리모델링한 A건물의 사례다. A건물은 1종 일반 주거 지역에 해당하는 214.90제곱미터(65평)의 땅에 건축면적(건평) 90.21제곱미터(27.3평)로 지어져 있었다. 이곳의 법정 건폐율은 60퍼센트다. 다시 말해, 전체 땅 면적에서 건물을 지어 올릴 수 있는 면적의 비율이 60퍼센트라는 뜻이다. 이 법정 건폐율의 최대 한도까지 추가로 지을 수 있는 땅이 38.34제곱미터(11.6평)로 파악되었다. 1970~80년대에는 마당을 넓게 만들려는 경향이 강했기 때문에 굳이 건폐율을 최대로 사용하지 않았다.

용적률 역시 마찬가지다. 용적률이란 전체 건물의 면적을 말한다. 예컨대 2층집이라면 1층과 2층 면적을 모두 합친 면적이다. A건물의 연면적은 기존 건물이 209.55제곱미터(63.5평)로, 연면적 78.63제곱미터(23.8평)를 늘려 법정 용적률 150퍼센트 수준(231.78제곱미터)까지 확대할 수 있었다.

김 대표는 이 건물을 증축·리모델링해서 무려 8개의 임대 공간을 뽑아냈다. 신축을 하면 세 대의 주차 공간을 확보해야 하는 것과 달리, 리모델링을 했기 때문에 주차 공간을 하나만 확보하면 되었고, 그 면적은 그대로 임대 공간이 되었다. 작은 임대 공간들을 모두 합쳐 계산해 보면, 이 한 건물에서 나오는 월세는 총 1075만 원에 이른다. 저성장 시대에 소비만 하던 집을 생산재로 바꿔 냈다.

　공사에 들어간 돈은 총 3억 5000만 원이었다. 이 정도 규모로 신축한다면 필요한 금액은 어느 정도일까? 김 대표에게 문의해 보니, 어림잡아 5억 9000만 원 정도로 추정되었다. 다시 말해, 재생건축 비용이 신축의 60퍼센트 수준에 그친다는 뜻이다. 또한 이 건물은 3억 5000만 원을 투입해 연 임대수익 1억 2900만 원을 거두는 건물이 되었다. 연간 투자 수익률은 36.9퍼센트에 달한다. 3년 정도 이 건물을 운영하면 투자비가 모두 회수된다. 만약 은행 대출을 받아 공사를 벌였다면 3년 만에 원금을 갚을 수 있다는 뜻이다. 이것은 건물주가 세입자에게 받는 임대보증금 1억 8000만 원을 제외한 계산이니, 실제로 건물주가 누리는 이익은 이보다 더 크다.

　이 정도 수입이 나올 때 붙는 세금은 고려하지 않았지만, 어쨌든 김 대표의 말대로 그저 소비재이던 건물이 생산재로 바뀐 셈이다. 건물 가격도 크게 올랐다. 1평당 2500만 원(총 16억 3000만 원)이었던 것이 4000만 원(총 27억 원, 2016년 말 기준 추정치)으로 올랐다.

　현재의 건물주가 아닌 외부 투자자의 관점에서도 이 건물은 투자수익률이 적절하게 나오는, 매입할 만한 건물이다. 예컨대 12억 원을 가지고 있는 사람이 A건물을 27억 원에 매입하려 한다고 가정해 역산해 보자. 이 사람이 A건물을 매입해도 될지, 투자수익률을 계산해 보면 다음과 같다. 전체 매입 비용의 60퍼센트 수준인 15억 원을 대출받아 이 건물을 27억 원에 매입한다. 연이자율 3퍼센트로 계산하면 원리금으로 은행에 갚아야 할 돈이 연간 4500만 원이다. A건물의 연간 수입이 1억 2900만 원이니 여기서 비용 4500만 원을 제외하면 8400만 원의 수익이 나는 셈이다. 15억 원이라는 투자금에 대한 연간 수익률을 따져 보면 5.6퍼센트에 달한다. 5퍼센트 넘게 수익이 난다면 투자 매력이 충분하다고 할 수 있다.

다시 재생건축으로 돌아가 보자. 재생건축이 훨씬 경제적인데도 사람들은 왜 지금까지 신축을 선호했을까? 그것은 아마도 개발 시대의 잔여물인 듯하다. 빈 땅이 많았던 1970~80년대에는 신축이 건축의 표준이었다. 전 국민의 주거 표준으로 자리 잡은 아파트 개발 방식이 사람들의 인식에 큰 영향을 주었다. 허름한 집을 불도저로 모두 밀어 버리고 새로운 집을 짓는 일은 구질구질한 구시대와의 단절과 새로운 삶에 대한 희망을 동시에 가져다주었다. 기존 건물이 있더라도 쓸 만한 것은 많지 않았다. 있던 집을 그대로 활용한다는 것은 상상도 하지 못했다. 그뿐만이 아니다. 이때도 신축 가격이 재생건축보다 더 비싸기는 했지만, 가격 차이가 지금처럼 크게 나지는 않았다. 인건비, 자재비, 건설 폐기물 처리비 등이 지금에 견주어 보면 크게 낮았다.

근대에 접어들었던 당시, 우리 사회는 새로움에 대한 갈망이 컸다. 기존의 '구습'을 완전히 타파할 다른 삶의 양식이 필요했다. 또 도시가 새로 형성되고 인구가 집중되면서 용적률을 대폭 늘려야 하는 시대였던 데다 인건비가 그리 높지 않았기 때문에 건축비도 크게 들지 않았다. 그러니 신축이 건축의 표준처럼 여겨지게 된 것은 당연한 일이다. 이것은 근대화 시대, 즉 지긋지긋한 과거라는 망령을 허물고, '주거를 위한 기계'●를 만들어야 했던

● 르 코르뷔지에.

시대를 살아온 모더니스트들이 만들어 온 흐름이다.

그러나 시간이 흘러 이제 서울은 '오래된 도시'가 되었다. 이제 서울에는 빈 땅이 더는 없다. 이제 용적률이 높은 빌딩이 대량으로 공급될 필요도, 그래 봐야 빈 방 없이 모두 채울 것이라는 보장도 없다. 무엇보다 경제 수준이 높아져 인건비가 크게 올랐다. 아울러 자재비와 폐기물 처리비 등이 엄청나게 높아졌다. 공사비가 기하급수적으로 상승했다는 의미다.

1970년대에 지었던 건물의 처마 같은 양식은 이제 더는 구현할 수 없다. 수많았던 미장 기술자들이 이제는 예순 살을 넘기며 일선을 떠나고 있다. 젊은 건축 기술자의 숫자는 크게 줄어들고 말았다. 이제 그때의 모양을 똑같이 내려고 한다면 엄청난 인건비를 지불하지 않을 수 없다.

그뿐만이 아니다. 2016년 여름, 이탈리아 베니스 비엔날레에서 한국의 건축가들이 전시한 내용인 '용적률 게임'과 관련해 김성우 엔이이디 건축사사무소 대표소장은 다음과 같이 설명한다. "1990년대 후반에 계단 하부를 사적 영역으로 전용하는 것을 막기 위해 옥외계단을 건폐율에 포함하도록 건축법이 개정되면서 계단이 모두 건물 내부로 숨어 버리게 되었다. 불법 전용을 없애려고 개정한 법규로 인해 소필지 주거지역에서 중요한 건축 요소 하나를 잃어버린 것이다."*

김 소장은 초기의 다가구 주거가 밀집된 거리에서 발견할 수 있는 옥외계단 덕분에 거리를 걷는 이들은 다채롭고 재미난 공간감을 경험한다고 설명한다. 옥외계단은 일종의 전이공간(내부와 외부를 연결하는 중간지대 성격의 공간)인 동시에 사적 영역이 확장되는 기회의 공간이다. 이 옥외계단이 만들어 내는 다양성이 최근 생겨난 각종 건축 규제에 의해 사라지게 되었다는 뜻이다. 그렇다면 반대로 이 규제에서 벗어나려면 어떻게 해야 할까? 당연히 옥외계단이 살아 있는 예전 건물을 그대로 쓰는 것이다. 그것이 바로 재생건축의 힘이다.

김 대표가 짓는 건물은 기존 주택과 살짝 거리를 두고, 작은 건물을 추가로 세우는 사례가 많다. 작은 땅 안에서 두 덩이의 건축물이 올라가면 좀 더 규모가 커 보여 외부

서울 마포구 연남동 한 건물의 처마
1970~80년대 건물에서 흔히 볼 수 있는, 이 별것 아닌 듯한 처마를 만들기가 요즘은 쉽지 않다. 시멘트를 굳히기 위해 일일이 나무판을 짤 만큼 목공 기술이 뛰어난 목수가 많지 않기 때문이다. 그런 기술을 가진 목수는 임금이 워낙 비싸 대부분은 아예 시도조차 하지 않는다. 과거에는 철근 가격이 비싸 처마를 수직 방향으로 보완해 주지 않으면 처마가 아래로 처질 수도 있어 반드시 이렇게 시공했다. 물론 집 안쪽으로 비가 들이치지 않게 하는 처마 고유의 기능도 강화한다.

에서 볼 때 존재감이 더욱 드러나는 한편, 둘 사이를 잇는 반지하층 위의 마당에는 과거의 건물과 신축 건물이 동시에 감싸는 듯한 중정이 형성되어 흥미로운 공간감을 연출한다.

　재생건축에서 돈이 가장 많이 투입되는 부분은 반지하 1층 공간이다. 과거에 지어진 건물에는 '줄기초'라 하여 벽체들 밑에만 기초가 되어 있다. 김 대표는 반지하 바닥 부분을 파 들어가 벽체들 밑의 줄기초를 철근으로 연결하고 콘크리트로 마감을 해 마치 새로 건물 기초를 세운 듯한 효과를 낸다. 이어 반지하 1층이 상부의 하중을 견딜 수 있도록 구조를 보강하는 등의 작업을 벌이는 데 절반 이상의 비용을 지출하게 된다고 한다.

　상대적으로 적은 투자를 바탕으로 소비만 하던 주택

● 김성우, 〈용적률 게임 속의 숨겨진 의도〉, 《건축》 제60권 제12, 2016년 12월호.

을 생산재(근린 생활 시설)로 바꿔 놓았다는 점에서 재생건축은 저성장 시대의 트렌드가 될 만하다. 저성장 시대에 집은 '소비재'로만 머물 수 없다. 그래서 '생산재'로의 변신이 곳곳에서 벌어지고 있다.

"과거에는 증축이 거의 없었어요. 거의 신축이지. 거의 다 신축으로 지어지니 진짜 돈 많은 사람밖에 못 했어요. 그만큼 신축비가 많이 든다는 거죠. 재생건축(리모델링 증축)은 신축에 견줘 비용이 50~60퍼센트 수준밖에 들지 않아요. 그래서 일단은 고객들이 접근하기 좋은 것은 신축보다 리모델링인 것 같아요. 아주 '세게' 공사해도 그래요. 그런데 신축에 준하는, 많은 증축과 리모델링이 동반된다면 아마 신축의 80퍼센트 수준까지도 돈이 들 거예요. 그런데 이건 이론적인 숫자일 뿐, 현실적으로는 불가능한 일이에요. 공사를 많이 해서 용적률을 최대 수준까지 올리면 주차장 놓을 자리를 확보할 수 없기 때문이지요. 여러 규제 속에서 최선의 이익을 찾고, 일부는 포기해야 해요." 김 대표의 설명이다.

물론 주차장이 없다고 항상 좋은 것은 아니다. 반드시 주차장을 필요로 하는 위치의 건물도 있다. 다만 연희동은 20대 젊은 층이 더 많이 찾는 곳이기 때문에 주차장이 부족하더라도 인기가 높다.

"그 동네에 맞는 건축 규모를 잘 알아야 해요. 동네에 최적화된 건축 규모일 때 공실률이 낮죠. 그리고 디자인도 중요해요. 임대 들어올 수요는 적은데, 건물을 아무렇게나 지어 놓으면 누가 들어오겠어요. 예쁜 건물 있으면 거기로 다 들어가지. 그런데 디자인이 좋은 건물은 또 다른 고객을 창출할 수도 있어요. 기존에는 없던 시장이 생기는 셈이죠."

다음은 김 대표와 나눈 대화 중 일부다.

신축은 어떤 점이 좋나요?

"아무래도 내구성이 더 좋죠. 40~50년 된 건물은 아무리 구조 보강을 많이 해도

쿠움파트너스 김종석 대표
1993년부터 연희동에서 50채에
가까운 건물의 리모델링을 진행해
성공시켰다.

건물을 유지·관리하는 데 더 손이 많이 가는 편이에요. 그건 감안해야 해요. 그래
도 신축할 때보다는 재생건축 건물의 디자인이 더 잘 나오다 보니 건축주의 만족
도는 재생건축 쪽이 훨씬 높은 것 같아요."

왜 그렇죠?
"세입자들이 좋아하니까요. 시장이 좋아한다는 얘기죠. 특별한 공간에서 재미있
게 사무실을 운영하려는 사람들이 많다는 거죠."

**돈을 떠나서 신축으로도 재생건축과 똑같이 지을 수 있는 거잖아요. 신축을 해도 똑같은 디자
인을 내면 되지 않나요?**
"디자인은 똑같이 흉내낼 수 있어도 감성은 못 살립니다."

아무리 돈을 많이 써도?
"시간은 못 잡아와요. 오래된 물건에 깃든 그 매력, 내가 살던 곳과 비슷한 공간에
서 느껴지는 감성을 어떻게 데려옵니까? 못 데려와요. 군이 신축과 재생건축을 비
교해 얘기하면, 과거를 단절시켜 완전히 새로 만드는 것과 과거의 것을 가지고 지

금에까지 이어지도록 하는 것의 차이예요. 그 의미는 굉장히 크다고 생각해요."

빠르게 개발하던 시기에는 옛것의 가치를 인식하지 못했잖아요. 이제 와서야 눈을 뜨기 시작한 것인데. 대중이 눈을 뜨지 못했다면 어땠을까요? 대중에게 옛것에 대한 감수성이 없다면 옛 건물의 시장가치는 없는 것이나 마찬가지잖아요. 어때요? 옛것이 갖는 본연의 가치가 있을까요?
'"제가 처음 재생건축을 시작할 때는 옛것의 가치를 고려하지 않고 시작했습니다. 그런데 시장의 반응은 폭발적이었어요. 옛것의 가치를 시장이 인정해 준 거죠. 저는 옛것에는 그 자체로 본연의 가치가 있다고 생각해요."

어쩌면 이렇게 시기적으로 잘 맞아떨어졌을까. 옛것의 가치가 떠오르는 시기와 저성장에 따라 재생건축의 효율성이 주목받을 수밖에 없는 시점이 결합하면서 재생건축은 하나의 트렌드로 자리 잡고 있다.

재생건축과
걷기 좋은 도시

재생건축이 활발한 동네는 옛 동네인 경우가 많다. 옛 동네는 자동차가 없던 시절 만들어졌기 때문에 자동차보다는 사람 위주로 계획되어 있다. 자연스럽게 걷기 좋은 도시의 특성이 담겨 있다. 그렇다면 걷기 좋은 도시의 물리적 특징은 무엇일까?

연희동에는 소통을 극대화하는 양식의 건물이 곳곳에 자리 잡고 있다. 회색빛 노출 콘크리트, 정면에서 눈에 띄는 외부 계단, 거리 쪽으로 확 트인 발코니, 1층 같은 느낌의 반지하층 등 다른 곳에서는 볼 수 없는 확연히 다른 모습의 카페와 음식점이 서로를 향해 문을 활짝 열고 있다. 김 대표가 기획해 리모델링한 건물은 연희동에 상권이 형성된 사러가마트 주변에만 40~50개에 달한다.

김 대표는 건물을 거리로 활짝 열어젖히며 '어바니티 urbanity(도시적 매력)'를 만들어 냈다. 그가 지은 건물은 사람들과 대화한다. 그는 공간과 사람 사이에서 나타나는 '공간심리학'●을 너무도 잘 안다.

노출콘크리트의 잔잔한 회색 빛깔 덕분에 건물은 그 안에 새로 자리 잡은 매장의 조명과 인테리어 뒤로 한 발 물러서 있다. 김 대표가 기획한 건물은 대부분 노출콘크리트를 썼다. "2006년 역삼동에서 처음 시공한 노출콘크리트 건물은 정말 예쁘더라고요. 다들 잘 지었다고 칭찬해 줬는데, 가게들이 들어오고 나니까 건물이 보이지 않는 거예요. 건물은 안 보이고, 건물 안의 인테리어가 돋보이더라고요. 그때 회색의 마력을 배웠어요."

사실 건축가들은 흔히 '튀는 건물'을 짓고 싶은 욕심 탓에 오류에 빠지게 된다. 도시적 맥락이 사라진 채 자신이 설계한 건물만 돋보이게 하려는 욕심에 맥락이 빠진 건물을 만들다 보니 건물도, 도시도 망가진다. 상가 재생 건축에서도 마찬가지다. 건물의 모양새와 색깔 등을 따지기 시작하면 내부 임대상가의 존재를 잊게 될 우려가 크다. 화려한 건물 안에 들어가 있는 임대상가는 아무리 돋보이려 발버둥을 쳐도 건물에 가려질 수밖에 없다.

회색은 남들을 의식하지 않는다. 그 잔잔한 색감 안에서 임대상가들은 얼마든지 화려한 자태를 뽐낼 수 있다. 그는 이렇게 말했다. "나는 건축을 전공하지 않았고, 건축의 질서를 지킬 이유가 없었습니다." 김 대표는 건축가

● 공간심리학이란 학문이 있는 것은 아니다. 환경심리학이라는 분야가 건축물 등이 인간 심리에 미치는 영향에 대해 연구해 왔고, 최근 신경건축학이라는 학문이 등장했을 뿐이다. 국내에서 이 분야의 전공자를 찾기는 쉽지 않다.

가 아니다. 1993년 연희동에서 건물 전기기술자로 시작해 이제는 건축설계 디자인까지 하고 있는 인물이다.

노출콘크리트는 그 안에 담긴, 1970년대에 지어진 건물의 느낌을 조금도 훼손하지 않는다. 지나치게 세련된 것도 아니면서 결코 촌스럽지도 않은, 재생 건축물 최고의 양식이다.

건물 1층이 활성화되면, 그 반작용으로 2층과 3층은 소외되기 마련이다. 김 대표는 물리적 공간과 사람이 상호작용하는 심리를 잘 안다. "외부로 개방된 계단은 호기심을 유발해요. 누가 올라가면 거리에 있는 사람은 그 사람을 쳐다보게 되죠. 오르는 사람도 밑을 봅니다. 꼭 말로 해야 소통이 아니에요. 눈으로도, 서로 관심 갖는 것도 소통이에요. 소통이 이루어지면 올라갈 때 피로도가 없어요. '후다다닥' 올라가게 되죠." 그래서 그는 '땅의 가장 비싼 자리에' 계단을 놓는다. 그는 계단의 배치에 대해 '호기심'과 '피로도'라는 두 가지 심리를 바탕으로 실득력 있게 실명한다.

연희동에는 1960년대 말에 지어진 '미니 2층' 건물이 많다. 1층이 반지하층 위에 놓여 있다. 아래쪽 반지하층을 온전히 1층처럼 쓸 수 없을까? 방법은 반지하층 바닥을 조금 더 깊게 파는 것이다. 이렇게 시공하면 낮은 층고의 답답함이 없어지는 동시에 건물 기초가 재정비되어 건물의 구조적 안전성이 높아진다. 이런 방식으로 그는 두 층을 모두 1층처럼 만들었다. 그가 시공한 건물은 반지하층과 1층 모두 다른 건물 1층 수준의 임대료를 받는다. 1층과 반지하층도 거리와의 소통에 굉장히 중요한 요소다. 길 걷는 이와 눈을 마주치지 않고 수직으로 구분되어 있으니 서로가 서로의 풍경을 자연스럽게 받아들인다.

그의 설명을 좀 더 들어 보자. "2008~2009년, 이 동네에서 사업을 시작하기 전에 임대료를 조사한 적이 있어요. 3.3제곱미터(1평)당 임대료로 3만~4만 원을 받는데, 1층은 8만~10만 원을 받는 거예요. 그런데 이곳의 단독주택을 가만히 쳐다보니까 반지하도 1층 같고, 그 반층 위에 놓여 있는 1층도 1층 같은 거예요. 그 두 층을 모두 1층으로 여기게 해서 임대가를 최고가로 받아 내자고 생각했죠."

이 시도는 계단의 배치에 대해 고민하게 만들었다. "제가 보기에 밀폐된 회전 계단은 광고성이 없어요. 당연히 임대가가 떨어지죠. 접근성이 떨어지니까요. 반면, 외부로 나와서 오픈된 계단은 호기심이 생기지요. 올라갈 때마다 누군가 밑에서 볼까봐 의식을 하면서 오르게 되니까 '피로도'가 없어요. '내가 언제 올라왔지'라는 생각이 들 정도로 금방 올라가게 되지요."

그는 가장 돋보이는 자리(보통은 임대용 공간을 조금이라도 넓히려는 곳)에 계단을 설치한다. "건물 한쪽만 성공하면 뭐합니까. 어차피 이 대지 안에 사람들이 들어오면 건물 구석구석을 다 누려야 하잖아요. 계단을 구석에 넣어 버리면 다 안 돌아봐요. 그래서 사람들이 가장 좋아하는 코너 자리에 계단을 놓고, 그것을 기준으로 분할합니다."

개방된 발코니도 마찬가지다. 그는 이렇게 말했다. "제가 여유롭게 차를 마시는 모습을 지나가는 사람들이 보잖아요. 저도 내려다보고." 2016년 7월 7일 그를 만난 저녁 8시께, 발코니에 앉아 나와 대화를 나누는 김 대표를 보며 주민들은 계속해서 인사를 건넸다. 그날 우연한 만남도 있었다. 이날 나는 김 대표와 오늘공작소●의 한광현 선임연구원도 함께 만나고 있었다. 발코니에 앉아 있던 한 연구원을 우연히 알아본 지인이 말을 걸었다. "거기서 뭐해요? 저, 이 근처 살아요." 소통을 불러일으키는 구조다. 김 대표는 이렇게 말했다. "동네의 분위기 조성에 발코니와 테라스는 굉장히 중요합니다."

● 오늘공작소는 무언가를 직접 만드는 '메이커 운동'으로 청년 자립과 주거, 지역공동체 문제 등을 해결하려 시도하는 단체다.

김 대표가 건물을 주변 골목길과 소통하게 만드는 데 탁월기기도 하지만, 이런 결과는 재생건축 자체가 가진 힘이기도 하다. 재생건축이 시도되는 기본적인 토대 자체가 작은 건물이다. 재생건축의 대상이 되는 옛 건물들이 작은 단독주택이기 때문이다. 그 작은 건물에서 더 작은 매장을 여러 개 만드는 방식으로 리모델링이 진행되고 있다. 그러니 보행자로서는 거리를 걸으며 마주치게 되는 매장이 많고, 그에 따라 흥미를 자극하는 요소도 많아진다.

더욱이 이런 공간은 자동차보다는 걷는 사람에게 더 좋다. 애초에 도시 자체가 자동차 시대가 도래하기 전에 꾸며졌기 때문이다. 걷기에 최적화된 도시라는 뜻이다. 과거 자동차가 별로 없던 시기에 만들어진 건물이 '원본'이니만큼 주차 공간도 좁다. 당연히 자동차로 방문하면 다소 불편할 수밖에 없다. 자동차보다는 걷는 이에게 더 좋은 건물은 자연히 걷는 이들을 끌어들인다. 승용차를 타고 다니는 40~50대보다는 젊은 20대들을 끌어들일 수밖에 없다는 뜻이다.

거리를 걷는 사람들이 건물을 쉽게 드나들 수 있다는 점은 '걷기 좋은 도시'의 핵심 요소다. 걸어서 이곳저곳 다니며 서로 모르는 사람이 만나고 교류하는 것은 '걷기 좋은 도시'를 넘어 '좋은 도시'의 첫째 조건이기도 하다. 건물주의 수익률은 건물을 오가는 사람들의 숫자와 직결되고, 그런 면에서 보면 건물주에게 좋은 건물은 결국 도시에도 좋은 건물일 수밖에 없다.

휴먼 스케일이 만드는 도시 공간

걷기에 좋은, 아니 도시적 매력을 한껏 느낄 수 있는 공간의 특징은 따로 있다. 기본적으로 자동차보다는 사람이 돌아다니기에 알맞은 '휴먼 스케일'의 공간이 바로 그것이다. 대표적인 곳으로 명동 거리를 꼽을 수 있다.

명동이라는 공간 자체를 즐기러 온 사람들에게 이곳의 의미는 남다르다. '오늘은 어떤 일이 벌어질까'라는 기대감을 안고 이곳저곳을 둘러보기에 명동만큼 매력적인 장소도 없다. 2012년 기준 전국 유동 인구 1위인 곳이 명동(눈스퀘어빌딩)에 있고, 유동 인구 상위 10개 지점 중 다섯 곳이 명동 일대에 분포해 있다.

서울역사박물관이 발간한 《명동, 공간의 형성과 변화》를 보면, 이곳 거리에서 건물이 거리와 접한 면의 너비(폭)는 4~5미터에 불과하다. 1950년대에 지어진 뒤 높은 땅값 때문에 건물을 넓히지 못했기 때문이다. 이 '재개발 불가' 건물은 이곳을 매력적인 공간으로 만들었다.

거리에 늘어서 있는 작은 너비 매장의 연속적 분포는 그 자체로 걷는 이에게 즐거움을 준다. 덴마크의 도시학자 얀 겔Jan Gehl은 다음과 같이 말했다. "장터나 백화점에서 점포 간의 일반적인 거리는 2~3미터 정도다. 작은 공간에 있는 것이 언제나 더 흥미로운 이유는 전체와 디테일 모두를 볼 수 있기 때문이다."[•] 이는 보행자가 거리에서 약 5초마다 새로운 행위와 시선을 경험할 수 있다는 뜻이다. 홍익대 유현준 교수는 이를 '이벤트 밀도'라는 개념으로 설명한다.[••] 이벤트 밀도라는 것은 사람이 걸으면서 경험할 수 있는 이벤트의 숫자와 관련이 있다. 작은 매장이 많을수록 이벤트 밀도가 높아진다. 매장의 종류가 다양할수록 걷는 이의 눈은 바빠지고 즐거워진다. 걷는 일이 지루할 겨를이 없다.

좁은 폭의 건물이 다닥다닥 붙어 있다 보니, 다양한 유

[•] 《삶이 있는 도시디자인》, 얀 겔, 김진우 외 옮김, 2003년, 푸른숲.
[••] 《도시는 무엇으로 사는가》, 유현준, 2015년, 을유문화사.

동일필지

유형01과 동일한 형태

3층
1955년

2층
1956년

2층
1955년

2층
1955년

3.8m 　 3.2m 　 4.0m 　 4.2m 　 4.8m

20m

형의 상점이 밀도 높게 배열되는 효과로 이어졌다. 각 상점들은 행인들의 눈길을 조금이라도 끌어 보려고 길과 접한 면 전체를 개방감 있는 유리 쇼윈도로 만들고, 문도 활짝 열어 둔다. 거리의 사람들과 상점 안의 사람들이 뒤섞이고 연결된다. 서로의 모습을 보며 감정을 전달받는 '모습의 대화'를 나누기에 적절한 공간적 토대가 만들어진 것이다.

이번에는 무대를 홍대로 옮겨 보자. 홍대는 그야말로 젊은이들의 놀이터라 할 만하다. 그런데 눈에 띄는 점은 홍대입구역을 방문한 사람들의 이동 행태다. 사람들은 일단 전철역에서 내리면 곧바로 줍디줍은 골목길 쪽으로 향한다. 그곳이 홍대의 주요 거리이기 때문이다. 그렇다

명동 거리에서 보이는 건물의 간격

명동 거리에서 보이는 건물의 간격은 3~4미터 정도로 매우 좁다. 그래서 거리를 걷는 사람들에게는 4~5초마다 새로운 볼거리가 선사된다.

그림 출처: 서울역사박물관 자료 가공

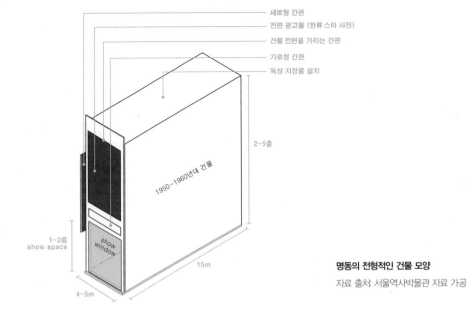

새로형 간판
전면 광고물 (한류 스타 사진)
건물 전연을 가리는 간판
가로형 간판
옥상 지장물 설치

2~5층

1950~1960년대 건물

1~2층
show space

show window

15m

4~5m

명동의 전형적인 건물 모양
자료 출처: 서울역사박물관 자료 가공

면 사람들은 애초에 왜 좁디좁은 골목길에 모이게 되었을까?

8차선 대로변의 높은 빌딩은 그리 매력적이지 않다. 그곳은 자동차로 다닐 때 랜드마크는 되겠지만, 걸어 다니는 사람에게는 그저 거대한 벽으로 느껴질 뿐이다. 대신 안쪽 골목길로 들어가면 '휴먼 스케일'의 풍경이 펼쳐진다. 좌우로 저층 건물이 늘어서 있고, 길은 비좁아 자동차가 지나기가 쉽지 않다. 저층 건물로 둘러싸여 있다는 점은 그 자체로 묘한 안정감을 준다. 아무리 넓은 인도가 펼쳐져 있더라도 한쪽에는 깎아지른 듯한 고층빌딩이, 다른 한쪽에는 8차선의 대로가 놓여 자동차가 시속 70~80킬로미터로 달린다면 안정감을 느끼지 못할 것이다. 안정감의 토대는 바로 저층 건물과 좁은 길이다. 저층 건물은 눈높이에서 그리 멀지 않은 곳에 스카이라인을 형성해 안정감을 주고, 파란 하늘을 보여주어 사람들에게 탁 트인 개방감도 준다.

좁은 길은 자동차 진입을 최소화한다. 자동차가 없으니 사람들이 자유롭게 멈춰서 쇼윈도를 구경하고, 사람들과 둥글게 모여 대화를 나눌 수 있다. 자동차가 자꾸만 뒤에서 '빵빵'거리면 그곳에서 편하게 쇼핑을 즐기기는 어렵다. 서울의 '뜨는 동네'를 떠올려 보라. 가로수길, 경리단길, 삼청동길, 서촌의 골목길 등 모두 저층 건물에 좁은 길의 조합이다. 한 부동산 업자는 '뜨는 동네'를 두고 "'뚜벅이'들을 상대하는 곳이어야 한다"고 말했다. "자동차가 쉽게 드나들면 '뜨는 동네'의 조건에 맞지 않는다"는 것이다.

이런 '뚜벅이'들을 위한 거리가 도시계획의 용도지역제에서 비롯되었다는 점도 흥미롭다. 홍대 거리와 가로수길은 서울의 대표적인 상업 거리이지만, 도시계획의 핵심 수단인 용도지역제에서는 '주거 지역'에 해당한다. 용도지역제로는 주거 지역인데도 상업 활동이 활발한 곳은 홍대와 가로수길 외에도 많다. 특히 최근 각광받는 거리들은 더욱 그렇다. 서촌, 연남동, 연희동, 성수동 등 최근 뜨는 곳은 전부 그런 경우다.

이 지역들 대부분이 용적률 200퍼센트 이하로 규제받는 제2종 일반 주거 지역, 또는 용적률 150퍼센트 이하로 규제받는 제1종 일반 주거 지역이다. 만약 이곳을 상업 지역으로 지정한다면 서리의 매력이 사라질 가능성이 높다. 최대 용적률이 800퍼센트까지 올라 초대형 빌딩이 들어설 여지가 마련되기 때문이다. 아담한 휴먼 스케일의 건물들이 저밀도로 퍼져 있으면서도 자동차가 손쉽게 들어오지 못하는 곳, 그것이 바로 매력적인 거리의 물리적 토대다.

개인의 욕망을
제어하는 방법

여기서 다룬 재생건축은 소비재였던 집을 생산재로 바꾸는 과정이라고 해석할 수도 있다. 부동산 가격은 점점 오르지만 소득은 정체되어 있는 이 시대에, 어마어마한 돈을 방 아래에 깔고 앉아 있을 수는 없지 않느냐는 생각이 확산되며 생겨난 결과물이다. 이는 58년 개띠의 은퇴 시기와도 맞물려 있다. 이들은 그간 얻은 소득을 이용해 부동산이라는 자산은 가지고 있지만, 그 거대한 자산 규모에 견주어 소득은 턱없이 부족하다. 자산을 소득으로 바꾸려는 욕망은 재생건축이라는 형태로 현실화될 수 있다.

앞서 분석한 '한국형' 젠트리피케이션 현상이 자본의 거대한 흐름을 포착할 수 있는 단면이라고 한다면, 재생건축 사례는 그 흐름 속에서 개인들이 고군분투하는 미시적 방법론이라고 할 수도 있다. 물론 이 방법론에 따라 상수동 김 씨처럼 투기적인 형태로 불거질 수도 있다. 반면, 그 욕망만 적절히 제어한다면 얼마든지 도시 공간의 활력을 높이는 유용한 수단으로 활용할 수 있는 것도 사실이다. 김 대표가 연희동에서 추진해 온 방식은 그런 면에서 주목할 만하다.

"저는 1년, 5년, 10년 뒤에 이 거리를 찾는 사람들이 어떤 것을 찾고, 어떤 사람들이 여기서 장사할지 항상 생각해요. 그런 구상을 해보면 여기는 카페가 되면 좋을 것 같고, 저곳은 옷 가게가 들어오면 예쁘겠다는 생각이 들고, 아 또 저곳은 스킨케어가 들어오면 좋겠네, 이런 생각이 들어요. 그래서 건물 리모델링을 시작할 때부터 건물주를 설득합니다."

기존의 용도가 쇠한 동네에서 새로운 수요(용도)를 끄집어내는 일이 바로 도시재생이다. 그 일을 위해 어떻게 설득하는지가 궁금해 다시 물어보았다.

"이런 업종이 들어왔을 때 임대료가 가장 높고, 도시 활성화가 빠릅니다. 도시가 이뻐집니다. 소비가 많아야 도시가 활성화되니 사람들이 구경만 하고 지나가는 거리가 아니라 소통할 수 있는 가게들로 넣읍시다. 뭐 이런 식으로요."

"도시가 이뻐진다"라는 그의 답변에는 건물 하나만이 아닌 도시 전체를 조망하는 도시계획가의 면모가 담겨 있다. 그리고 그가 건축주들이 결코 손해 보지 않을 정도로 밀도 높은 건물로 만들면서 세입자 입장에서도 임대료 수준이 결코 높지 않게 설계해 냈다는 점은 주목할 만하다. 물론 그의 말이 설득력을 갖는 데는 그가 연희동에서 긴 시간 주민들과 호흡해 왔다는 점 역시 큰 역할을 했다. 그는 1993년부터 20여 년간 연희동에서 살고, 일하며 주민들과 소통해 왔다. 더욱이 건물주들 역시 외부에서 들어온 뜨내기 투자자들이 아니라 동네의 지속 가능성을 생각하는 주민들이 대부분이라는 점도

'도시를 예쁘게 만들자'는 그의 제안이 통하는 이유다. 이렇게 연희동은 철저히 계획되어 상권이 형성되었고, 따라서 도시의 가상 큰 매력이라는 다양성이 확보되었다.

젠트리피케이션이 벌어지는 동네를 보면 단기적 수익을 극대화하려는 시도가 나타나며, 상점이 한 종류로 쏠리는 현상도 나타난다. 결국 동네 전체가 무너지는 결과로 이어지는 경우가 많다. 마치 백화점이 입점을 관리하듯 김 대표의 '기획'으로 연희동은 다양성이 무너지지 않는 도시가 되었다.

도시재생은 젠트리피케이션과 다르지 않은 말이다. 과거에 젠트리피케이션을 두고 학계에서는 좋은 의미로 썼다. '젠트리'라는 부유층이 유입되고, 그에 따라 물리적 변화가 동반하며 재생 효과가 나타난다는 점에 주목했기 때문이다. 그러나 현재 한국의 현실에서 젠트리피케이션이라는 단어는 결코 좋은 의미를 담고 있지 않다. 임대료가 지나치게 올라가는 현상 탓이다. 김 대표는 이런 문제도 제어하고 있었다. 바로 (임대를 받은 뒤 다시 임대를 하는 식의) '전전대'를 활용했던 것이다. "2010년쯤, 한꺼번에 5개 건물인가에서 빈 매장이 나왔어요. 그래서 제가 동네 사람들에게서 투자를 받아 임대를 받고 재임대를 했어요. 제가 생각하는 동네의 그림이 있잖아요. 그대로 동네를 만들고 싶었거든요. 임대료요? 제가 다 컨트롤할 수 있습니다. 제가 코너(모서리) 건물 다 가지고 있으니까요. 거기서 임대료 안 올리면 뒷골목이 올릴 수 있겠습니까? (임대료는) 잡혀요."

김 대표는 5년 동안 임대료를 전혀 올리지 않았다. 그가 혼자 진행 중인 이런 작업은 사실 거리 활성화를 위한 상업 거리용 도시재생은 물론 임대료 상승으로 상가 세입자를 숱하게 교체해 도시를 망가뜨리는 젠트리피케이션에 대한 해법으로도 손색이 없다.

김 대표의 이런 방식은 마을 재생으로 성공한 일본의 대표적인 동네인 나가하마長浜 지역에서 벌어지는 일과도 꼭 닮아 있다. 나가하마는 1985년 마을 재생을 시작한 뒤 유리공예와 각종 박물관, 검은색 일본 전통 주택으로 인기를 끌며 한 해에 200만 명이 찾아오고 있는 곳이다. 1988년과 2001년 《니혼게이자이신문》의 전문가 대상 설문 조사에서 역사와 전통, 문화와 예술, 경관이 매력적인 동네 1위로 꼽히는 등 지속 가능성 측면에서 막강한 저력을 보이는 동네이기도 하다.

그 중심에는 '㈜구로카베'와 '마치 즈쿠리야쿠바' 등 지역 주민들이 만든 비영리조직NPO이 있다. 이들은 빈 상점을 직접 매입하거나 빌려 35곳의 '구로카베 상점'을 상점가 곳곳에 박아 두었다. 구로카베 상점은 유리공예관(구로카베 1·2호관), 갤러리(6호관), 고미술전시관(7호관), 피규어박물관(29호관), 레스토랑(3·18호관) 등으로 활용된다. 이 거리의 문화 다양성을 유지하는 거점 구실을 하고 있다.

더욱이 구로카베 상점 35곳 중 절반 정도는 ㈜구로카베가 소유하고 있고, 나머지는 임대받아 상인들에게 재임대하고 있다. 아울러 새로 들어오려는 상인들은 반드시 마치즈쿠리야쿠바와 상담해야 한다. 상인들은 동네의 정체성과 무관하게 장사가 잘되는 업종에 집중될 가능성이 높은데, 상담 과정에서 자연스럽게 다양성을 확보할 수 있기 때문이다.

김 대표가 만들어 가는 연희동 사례는 건물주의 이익을 단 한 가지 잣대만으로 평가할 수 없다는 사실을 알려 준다. 지극히 상업적인 건물이 도시적 관점에서는 가장 좋은 건물일 수도 있다. 물론 그 상업성이 장기적 관점으로 발현되어야 하는 것은 당연하다.

이 사례는 또 공동체에 대해 다시 한 번 생각할 계기

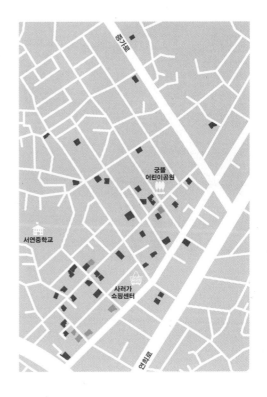

김종석 대표가 연희동에 지은 건물과 전전대 건물 위치도

■ 김종석 대표가 기획해 리모델링한 건물(기획 단계에서 건축주를 설득해 다양한 업종의 입점을 유도했다).

■ 김종석 대표가 기획해 리모델링한 동시에 '전전대'를 하고 있는 건물(모서리에 있어서 동네 전체의 임대료도 제어할 수 있다).

마치즈쿠리야쿠바의 사사하라 모리아키 이사
일본 나가하마 지역에서 활발하게 도시재생 활동을
벌이고 있다.

를 마련해 준다. 과연 공동체란 무엇인가? 사실 국가도 공동체이며, 지구도 공동체다. 지구촌 공동체란 말도 있지 않은가. 사람들이 국가라는 공동체를 사랑한다면, 분명 100년 뒤의 후손에게 끼치는 영향까지 생각할 수밖에 없다. 합리적 정치경제 체계를 마련하려는 노력은 결국 국가 공동체를 지속 가능케 하려는 시도다. 지구촌 공동체 역시 마찬가지다. 기후변화를 막으려 하고, 아름다운 자연을 가꾸려고 하는 우리의 노력은 결국 지구라는 자원을 지속적으로 쓸 수 있게 하려는 것 아닌가. 작은 마을 단위에서도 똑같다. 마을 공동체를 논의하면서 우리가 강조해야 할 것은 지속 가능성이다. '따뜻한 정'과 같은 감성적 요소들은 지속 가능성을 확보한 이후에 부가적으로 얻을 수 있는 요소일 뿐이다. 우리는 마을 공동체의 지속 가능성을 위해 무엇을 해야 하는가? 이 질문에 대한 답이 바로 도시재생의 지향점이 되어야 한다.

옛 건축물을 활용하면
무조건 성공할까?

서울시는 2015년 2월 24일 '세운상가 활성화(재생) 종합계획'을 발표했다. 침체된 세운상가를 되살리겠다며 내놓은 이 구상은 도시재생이라는 새로운 도시 관리 수법을 구체적으로 도입하며 소개했다는 점에서 눈길을 끌었다. 발표는 이제원 서울시 도시재생본부장*이 했다. 이 본부장은 세운상가 재생 계획의 총괄계획가MP인 이충기 서울시립대 건축학부 교수, 세운상가의 역사는 물론 도시재생 사업의 전 과정을 기록하는 인물인 안창모 경기대 건축대학원 교수, 상인들과 예술가들을 모아 도시재생의 소프트웨어를 담당하는 이동연 한국예술종합학교 교수가 함께 프로젝트에 참석했다며, 이들을 기자회견장에 데리고 나와 소개했다.

새로 신설된 조직인 도시재생본부의 초대 본부장이 발표를 한다는 점도 주목을 받았다. 도시재생본부는 뉴타운·재개발 등으로 대표되는 불도저식 철거형 재개발 시대를 접고 마을 단위의 도시재생 사업으로 패러다임을 바꾼다는 점을 강조하며, 그해 1월에 만들어졌다.

세운상가 재생 계획은 도시개발 대신 도시재생을 브랜드로 택한 박원순 서울시장의 역점 사업 중 하나다. 박시장은 과거의 도시개발 패러다임이 가진 한계를 넘어서려 했다. 그중 대표적인 것이 바로 세운상가 재생 사업이

* 글을 쓴 2016년 여름에는 서울시 행정2부시장으로 재직 중이었다.

다. 서울역 고가도로 공원화 사업, 일명 서울역 7017 프로젝트와 상암동 석유비축기지 재생 사업까지 더해 박 시장의 대표적인 도시재생 사업으로 꼽을 수도 있다.

이 세 사업 모두 기존의 건축물을 그대로 활용한다는 데 공통점이 있다. 도시재생의 기본 콘셉트가 바로 이런 식이다. 새것보다는 옛것을 그대로 이용한다는 점에 있다. 물론 별다른 이유 없이 마치 유행을 따르듯 옛 건물을 이용하려 하는 경우도 있다.

기자회견에서 이제원 본부장은 첫마디에 노후 건축물의 활용을 거론했다. 그는 세운상가 재생을 위해 "노후 건축물을 활용한 사례, 이를 중심으로 쇠퇴한 낙후 지역을 재생하고 공공 공간을 거점으로 활용한 사례 등에 주목했다"고 말했다. 노후 건축물 활용은 서울시의 도시재생 정책을 관통한다. 기존 건물을 재활용한다는 점은 헐고 새로 짓는 것과 대비된다.

그런데 노후 건축물을 재활용하려면 비용 절감 효과가 커야 한다. 또 그 건축물 자체가 보존할 가치가 있어야 한다. 그렇지 않고서야 부수고 새로 짓는 것보다 나을 리가 만무하다. 그러나 사실 세운상가 재생 사업은 도시재생의 철학 쪽에 방점이 찍힌 사업이다. 공공사업이기 때문이다. 돈이 부족하다는 따위의 이유 때문이 아니라 도시재생의 철학을 적절히 활용해 사업을 벌였을 때 충분히 효과가 있는지를 보려는 사업인 것이다.

그런 점에서 서울시는 세운상가 재생 사업은 세운상가라는 건축물 자체가 어떤 의미를 갖는지 되짚어 보는 과정을 첫 단추로 시작했다. '이 건축물은 어떤 의미를 갖는가?'와 같은 질문이 필요하다는 의미다. 서울시가 주목한 세운상가의 첫 번째 특장점은 건물의 '길이'였다. 높이가 아니라 길이다. 보통 랜드마크가 될 수 있는 토대를 가진 건물은 모양새가 특이하다든지 높이가 굉장히 높다든지 하는 특징을 가지고 있어야 하는데, 세운상가는 폭 50미터의 건물 8개 동이 거의 1킬로미터에 걸쳐 누워 있다는 점에서 다른 어떤 건물과도 차별화될 만하다.

종묘에서 필동까지 남북으로 이어진 1킬로미터 길이의 길쭉한 건물이라니! 게다가 서울 도심 한가운데 자리 잡고 있다. 중동 두바이의 버즈두바이 높이가 828미터다. 그 건물이 서울 한복판에 누워 있다고 상상해 보라. 이렇게 독특한 건축물은 세계 어디에도

세운상가 조감도

서울시가 주목한 세운상가의 첫 번째 특장점은 건물의 '길이'였다.

자료 출처: 서울시

없다. 이 본부장은 이렇게 강조했다. "랜드마크는 꼭 높아야만 랜드마크인 건 아니다!"

단순히 건축물이 독특하다는 점만으로는 예산을 투입해 재생하기에 충분한 이유가 될 수 없다. 그러나 서울시는 세운상가가 상업 건물로서도 잠재력이 있다고 보았다. 세운상가는 1968년 건립된 뒤 1970~80년대를 주름잡은 서울, 아니 대한민국 최고의 전자상가였다. 이곳에서 구입한 부품만으로 탱크와 미사일까지 조립할 수 있다는 과장까지 나올 정도였으니 말이다.

용산 전자상가의 등장과 강남 개발 등으로 쇠락한 뒤 지금에 이르렀지만, 여전히 잠재력은 있다고 서울시는 생각했다. 국내 최초의 우주인이 될 뻔했던 인물인 고산 씨가 2014년 초 세운상가에 사무실을 차린 것은 그것을 상징적으로 보여준다. 그는 타이드인스티튜트라는 비영리 사단법인을 만들어 3D 프린팅 사업과 창업 교육을 벌이고 있다. 세운상가를 택한 이유에 대해 한 언론 인터뷰에서 그는 이렇게 말했다.

"제조 쪽에 잠재력을 갖고 있는 세운상가에 팹랩을 세웠습니다. 제조 기반이 많이 남아 있지만 예전보다 쇠락한 부분도 있습니다. 3D 프린터를 만들려고 하는데, 부품이 필요하면 내려가서 그냥 사오면 됩니다. '이런 것을 사고 싶은데 이런 것이 있습니까?' 물어보면 '이것을 한번 써봐' 하는 식의 노하우가 녹아 있는 곳입니다."●

이것이 바로 서울시가 주목한 세운상가의 잠재력이다.

자, 이제 세운상가라는 '장소적' 특성은 충분히 알겠다. 그럼 이제 본격적으로 도시 재생 작업에 나설 차례다. 그 시행 방법이라는 것은 '침술 요법'이라는 표현에 의미가 모두 담겨 있다. 한의사가 환자의 몸 주요 혈자리에 침을 찔러 몸 전체의 활력을 높여주는 침술 요법과 비슷하게 공공의 힘을 아주 살짝만 투입해 주변에 긍정적 영향을 준다는 것이다.

세운상가에는 어디에 침을 꽂으면 활력이 돌까? 서울시가 선택한 '경혈'은 바로 공중데크다. 3층 높이에 자리 잡고 있는 공중 데크를 모두 잇기로 했다. 그렇게 하면 8개 건물군 모두가 연결되어 1킬로미터 길이의 공중 보행로가 만들어진다. 미국 뉴욕 맨해튼의 하이라인이 고가철로를 공원으로 만들어 숱한 사람들을 끌어모았듯이 이 걷기 좋은 길에 사람들이 몰릴 것이라는 전망이다.

데크는 현재 청계천에서 끊겨 있다. 1968년 이 건물이 완성됐을 때는 원래 건물 8개 동이 모두 데크로 연결돼 있었다. 그러던 것이 2005년 청계천이 복원되면서 세운상가(가동)와 청계상가를 잇던 공중 보행 데크가 철거되고 말았다. 이를 다시 연결하기로 했다. 서울시가 추진하는 보행 데크 연결 방식은 2층 높이의 공중 데크를 수평으로 쭉 잇는 것이다. 청계천 고가도로와 겹치며 조악하게 연결됐던 건립 초기의 공중 데크는 그마저도 청계천 고가도로가 사라지며 함께 제거됐다. 이는 오히려 세운상가 건물군을 설계했던 건축가 고 김수근 씨가 구상하던 것과 같다는 점에서 '원형'을 찾아간다는 의미도 있다.

공중 데크를 이어 사람들이 세운상가 쪽으로 모이기 시작했다면, 그다음 단계에는 사람을 어떻게 머물게 할 것인지를 고민해야 한다. 사람이 머물러야 활력이 돌고, 그 주변으로 영향이 확산된다. 홍대가 상수동과 서교동, 연남동으로까지 확장되는 모습처럼 말이다. 어렵사리 사람들을 불러 모았는데, 데크를 통로로만 이용하며 그저 휙 지나가 버린다면 낭패가 아닐 수 없다.

서울시는 이 공중 데크에 사람이 머물게 하는 공공시설을 만들기로 했다. 그러려면 데크와 연결되어 있는 점포 일부를 공공이 매입하는 수밖에 없다. 그 점포가 바로 도시재생에서 말하는 '앵커 시설(거점 공간)'이 될 것

• 〈'미완 우주인' 고산 "내가 세운상가 간 이유는…"〉, MTN, 2014년 2월 14일, http://news.mtn. co.kr/newscenter/news_viewer. mtn?gidx=2014021415305753151.

세운상가 재생 설계 국제현상공모
당선작 이미지

사진 출처: 서울시

이라는 기대에 따른 것이다.

그런데 문제에 직면했다. 상가 소유자들이 점포를 팔지 않겠다고 한 것이다. 세운상가 재생은 비밀리에 점포 매입까지 모두 끝마친 뒤에 전격적으로 이루어졌어야 했다. 물론 절차적 민주주의가 중요한 시대여서 비밀리에 사업을 결정하고 예산을 투입해 매입까지 한다는 일이 불가능했을 수도 있다. 어쨌든 점포 소유자들은 데크가 만들어지고 서울시가 정책적 노력을 쏟아붓기 시작하면 향후 점포 가격이 당연히 뛰어오를 수밖에 없다고 전망했다. 쇠퇴해 있는 지금 점포 가격이 바닥 수준일 게 뻔한데, 나중에는 적어도 지금보다는 나아질 것이라고 생각했을 수도 있다.

고민에 빠져 있던 서울시는 재생 사업을 위한 국제현상공모를 진행하는 과정에서 해결책을 찾았다. 그해 6월 17일 '세운상가 활성화를 위한 공공공간 설계 국제현상공모' 당선작이 발표되었는데, 이 당선작이 서울시의 고민을 말끔히 해소해 주었다.

당선작인 이_스케이프(김택빈, 장용순, 이상구) 건축사사무소의 '현대적 토속Modern Vernacular'은 공중 보행로 한쪽에 전시실 구실을 할 '컨테이너 박스'를 들이는 방식을 제안했다. 보행로 위와 아래 필요한 곳에 '플랫폼 셀'이라 불리는 모듈화된 박스를 끼워 넣어 사람들이 머물게 하는 거점 공간으로 활용하자는 것이다. 플랫폼 셀에는 전시실, 화장실 같은 각종 편의시설 등을 설치해 사람들을 끌어모으는 구실을 한다. 현상공모 심사위원장을 맡은 당시 서울시 총괄건축가 승효상(이로재 대표) 씨는 당선작을 발표하는 기자회견장에서 다음과 같이 설명했다. "그동안 서울시에서는 세운상가의 거점을 확보하기 위해 (점포) 공간을 구입하려 했지만, 만족할 만한 성과는 없었습니다. 팔려는 사람들이 많지 않아서 공공의 영역으로 삼았으면 하는 좋은 공간을 확보하지 못했습니다. 대신 당선된 안을 보면 데크에 셀이라는 것을 넣어서 공공 영역화하자는 제안이 있는데, 굉장히 유용한 수단으로 쓰일 수 있다고 생각했습니다."

물론 우려의 목소리도 많다. 대표적인 것이 바로 데크에 셀이 들어가면 공중 보행 데크를 걸으며 조망할 수 있는 주변의 멋진 풍경을 가로막을 수 있지 않느냐는 것이었다. 기자회견장에서도 비슷한 취지의 질문이 나왔다. "세운상가 보행 데크를 걷다 보면 가장 인상 깊은 것이 동서로 보이는 도심의 풍경인 것 같은데, 그 부분에 셀이 들어가면 보행 데크를 걸으며 느낄 수 있는 매력이 감소되는 거 아닌가요?"

승효상 씨는 이렇게 답했다. "주변은 세운 지구라 해서 새로운 개발을 준비하고 있습니다. 고층화된 건물들이 속속 들어올 예정이고, 지금의 상태는 조만간 없어지리라고 판단됩니다. 다만 도시 조직을 그대로 보존하는 것은 굉장히 중요해서 새롭게 개발하더라도 기존의 도시 조직을 그대로 유지하길 권장하고, 보존되는 상태 여부에 따라 개발 계획을 승인하게 될 것으로 알고 있습니다. 셀은 데크에서 보면 1개 층 높이이고, 주변에 높이 올라가는 20여 층의 높이와는 스케일이 차이 나 오히려 주변의 고층화된 건물로부터 데크의 공간을 보호하는 완충역할을 하기 때문에 대단히 중요한 건축적 장치가 될 것으로 보입니다."

또 기존의 길이 보존되는 곳에는 데크를 설치하지 않기로 했다는 점도 설명했다. 데크에서 아래를 내려다보면 주변 지역의 오래전부터 뻗어 나오던 길의 모습을 그대로 조망할 수 있다는 것이다.

이 사업의 결말이 어떻게 될지 아직은 알 수 없다. 첫 단계인 '사람이 모일 것인가'라는 질문에 대한 답부터가 미지수다. 나는 회의적이다. 건축가 김수근 씨가 애초에 세운상가를 설계했을 때 의도한 보행 데크의 기능은 이미 한 번 실패한 경험을 가지고 있다.

1970년대에 서울시의 도시계획을 총괄한 손정목 서울시립대 명예교수는 《서울 도시계획 이야기》에서 건축가 김수근이 세운상가를 설계하면서 시도했던 공중 보행 데크에 대해 다음과 같이 평가했다.

"서울 중심가 교통 계통의 주된 흐름은 동서 방향 즉 종로·청계로·을지로·마른내길·퇴계로의 선이지 결코 남북 방향이 아니다. 지금도 이 도로 공간의 남북 방향은 보행자도 차량도 그다지 많지 않다. 그러므로 보차도 분리의 발상은 처음부터 잘못되어 있었던 것이다. 또 보행자의 심리가 7.5미터 높이를 계단으로 오르내리는 것을 좋아하지 않는다. 구차하기 때문이다."

그렇다. 7.5미터 높이의 계단을 굳이 오르내리는 것은 '구차하다.' 그래서 걷기를 강조하는 도시 전문가들은 평면 도시를 강조한다. 그렇다면 1970년대와 지금, 사람들의 행태가 달라졌을까? 문화는 엄청나게 변화했지만, 인간의 본질적 행동 특성은 바뀌지 않은 것 같다. 입체도시는 성공하기 어려운 모델이다. 서울은 뉴욕 맨해튼처럼 밀도가 충분히 높은 도시가 아니다. 고가 위로, 지하로 분산되면 거리에는 누가 남아 있을까? 어느 한쪽은 쇠퇴할 수밖에 없다. 그리고 당연히 접근성이 떨어지는 고가 위나 지하가 쇠퇴할 가능성이 높다. 실제로 서울 시내의 많은 지하도가 높은 공실률에 시달리며 텅 빈 채 남아 있다. 더욱이 서울의 중심지가 동남권과 홍대 권역 등으로 이동해 그쪽으로 자본 쏠림 현상이 가속화되고 있는 지금, 부동산의 흐름을 바꿔 세운상가에 많은 사람을 끌어오리라 생각하기는 쉽지 않다.

서울시가 세운상가와 같은 방식으로 진행 중인 서울역 고가공원 사업은 이와 또 다르다. 서울역 고가공원은 서울 한가운데에서 마치 고층빌딩에 올라가 도시를 내려다보는 듯한 기회를 많은 사람에게 줄 수 있다. 그런 가치를 창출한다는 점에서 서울역 고가공원과 세운상가는 차이가 있다. 세운상가 재생 작업이 마무리된 직후에는 서울시가 대거 인력을 동원하고 데크 위에서 각종 행사를 펼치면 일정 기간 어느 정도 성공적인 모습을 보여줄 수 있을지도 모른다. 그러나 그것이 민간의 자연스러운 움직임이 아니라 서울시 행정력의 힘으로 억지로 이뤄진 성과라면 결코 지속 가능하지 않을 것이다.

부영은 왜 역사를
활용하려 하지 않을까?

변하지 않는 공간은 언제든 기억을 호출해 낸다. 나이를 먹고, 생각이 바뀌고, 생활양식이 바뀌고…… 흐르는 시간과 함께 끊임없이 변할 수밖에 없는 사람들은 역사의 지층을 물리적 흔적으로 그대로 안고 있는 도시 공간에서 기억을 꺼낼 수 있다. 마치 오래된 앨범처럼 말이다.

그 기억이 유난히도 많이 쌓여 있는 공간이 있다. 바로 소공로다. 소공로는 서울시청 쪽에서 바라볼 때 아시아나항공의 대형 걸개 광고가 걸린 건물에서 남산 쪽으로 향하는 길로, 얼핏 보기에는 특별해 보이지 않을 수도 있다. 자동차를 위한 도로가 여러 방향으로 뻗어 있어 걷는 사람이 진입하기가 쉽지 않다. 그렇다 보니 특별한 이유가 없으면 쉽게 가보지 못하는 길이기는 하지만 일단 들어서면 그 독특한 분위기에 한 번, 그리고 그 속에 담긴 역사의 다양성에 또 한 번 놀라게 된다.

소공로는 대한제국기에 고종이 우리나라에서 처음으로 시도한 근대 도시계획의 산물이면서, 일제강점기에는 수탈의 장소로 이용되었던 공간이다. 또 우리나라 경제가 빠르게 변화하던 1950~80년대에는 금융기관과 언론사, 무역회사, 양복점 등이 들어서 황금기를 구가했다. 지금은 건물이 낡아 그 영광이 퇴색해 보일 수도 있지만, 현재의 한국을 만들어 낸 토대라고도 말할 만하다. 더욱이 그 모든 흔적이 고스란히 남아 있으니, 여기야말로 근대 서울의 핵심 공간이 아니겠는가.

근대 도시화 과정에서 도로의 변화는 중요한 의미를 갖는다. 고종은 1895년부터 한성부의 도시 개조 사업에 나섰다. 1895년 10월 8일 황비였던 명성황후가 일본인들에게 시해당하는 을미사변을 겪으며 러시아 공관으로 거처를 옮긴 고종 황제는 경복궁과 창덕궁 중심의 공간 구조를 경운궁(덕수궁) 중심으로 바꾸면서 '근대'를 이식하려 했다. 당시 정동은 각국 공사관과 영사관이 들어선 곳이었다. 고종은 그곳에서 조선의 현실을 알리며 서구 열강의 권력관계를 이용하려 했다. 그 첫 번째가 강력한 왕권을 다시 확립하는 것이었다. 스스로 황제로 등극해 중국의 속국에서 벗어나 조선을 대한제국으로 바꾸며 황제국으로 격상하고, 이를 뒷받침하는 물리적 토대로 근대 도시계획을 도입했다.

황제 즉위식이 치러진 원구단 앞 소공로, 경운궁과 경복궁을 연결하는 태평로는 경운궁을 중심으로 새롭게 구성된 도로였다. 소공로에서는 경운궁을 중심으로 시작되는 방사상 도로망이 분명히 확인된다는 점에서 매우 흥미롭다. 1997년, 이태진 교수는 미국 수도인 워싱턴 D.C.를 모방한 것이라고 주장하기도 했다. 고종의 명을 받아 사업을

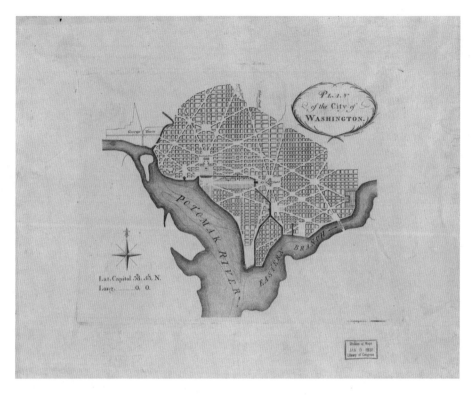

워싱턴 D.C.의 방사형 도로 구조

자료 출차: 미국의회도서관. https://www.loc.gov/resource/g3850.ct000509/

시행했던 인물인 박정양과 이채연이 친미 개화파였고, 미
국 워싱턴에 있는 공사관에서 외교관으로 활동했다는
점을 근거로 들었다. 물론 이것은 논란이 많아 정설로 받
아들여지고 있지는 않지만, "궁을 교통의 기점이자 시선
의 종점으로 해 왕권의 절대성을 공간적으로 각인하는
서구 절대주의 왕정의 정신"●을 도입했다는 점에는 이견
이 없다.

1920년대에 일본 양복점 재벌이 정자옥(현 롯데백화

● 《도시개발로 본 용산》《용산향토사료
편람 XI), 2012년. 용산문화원.

소공로와 주변 근대 건축물의 모습
일제강점기에 조선토지경영주식회사로
쓰였던 한일빌딩 등이 소공로를 따라
늘어서 있다. 길의 끝에는 남산타워가
보인다.

점)을 설립한 뒤 이 일대에는 상공회의소와 기독청년회, 빅터레코드사, 철도호텔(현 조선호텔) 등이 들어서면서 첨단과 유행을 따르려는 '모던보이'들의 집합소가 되기도 했다. 당시의 역사는 한일빌딩에 그대로 남아 있다. 일제 강점기에는 조선토지경영주식회사로 쓰였던 이 건물 1층 에는 '해창 명장名匠의 집'이라는 간판이 보인다. 이곳은 1929년 일본에서 양복 기술을 배워 온 고 이용수 씨 이 래 3대째 맥을 이어 오고 있는 양복점이다.

이 역사 자원은 놀랍게도 허물어질 위기에 처했다. 2015년 10월 14일 열린 서울시 도시건축공동위원회에서 부영그룹은 '관광숙박시설 확충을 위한 특별법'에 따라 용적률 특례를 받아 이곳 근대 건축물 7개 동을 밀어 없애 버리고 6562제곱미터(1895평)의 터를 활용해 27층짜리 호텔을 짓겠다는 계획을 제출했다. 위원회는 이례적으로 긴 세 시간 동안 심의를 거치고도 결론을 내리지 못했다. 근대 건축물 보존을 주장하는 안창모 교수(경기대) 등의 반대가 워낙 거셌기 때문이다. 그래서 위원회는 이례적으로 표결로 결정을 내리기로 했다. 참석자 15명 중 반대는 4표, 기권 1표가 전부였다. 10명이 찬성 표를 던지며 사실상 근대 건축물은 모두 철거되는 상황으로 치달았다.

위원회는 바로 결론을 내리지 않고 10월 30일 열리는 '수권소위원회'에서 결정하기로 했다. 원래 위원회에서 어떤 사안이 가결되면 곧바로 언론에 모든 자료가 배포된다. 워낙 오랫동안 지켜져 온 관례였기 때문에 서울시로서는 이 사안 역시 가결 결정을 내릴 경우 온 세상이 다 알게 된다는 것을 누구보다도 잘 알았다. 서울시는 더 검토할 상황이 있었기 때문에 그랬다고 설명하지만, 이것은 하나의 '꼼수'였을 뿐이다.

위원회에 참석했던 많은 도시계획가들은 모더니즘의 영향을 강하게 받아, 사람들이 걸어 다니는 인도든 자동차가 다니는 도로든 최대한 넓은 것이 미덕이라고 믿었다. 그러다 보니 정작 중요한 '어바니티'에 대한 고려는 부족할 때가 많다. 이 소공로에 대한 판단을 보면 그런 인식이 적나라하게 드러난다.

이곳은 너비 20미터에 불과한 도로와 3명이 지나다니기에도 좁은 인도로 이루어져 있다. 이 좁은 인도는 급하게 90도로 꺾여 올라가는 건축물들과 맞닿으며 독특한 거리 풍경을 보여준다. 다닥다닥 붙어 있는 1층의 상점과 바로 옆 좁은 길을 두고, 모더니즘은 비좁고 어두침침하고 불편한 거리라고 묘사한다. 그래서 이른바 전문가들은 이곳 인도의 폭을 10미터 정도로 확대해 보행 환경을 크게 개선할 수 있을 것이라고 주장한다.

그러나 이 좁은 길목이 상점 안의 사람들과 거리의 사람들이 적극적으로 연결되며 도시적 매력이 극대화되는 토대라는 점은 간과했다. 요즈음 쇼핑몰 설계의 추세가 길을 '좀 더 좁게' 만드는 데 있다는 것이 바로 이런 점을 반영한다. 도시적 매력이라는 측면에서 넓은 길이 꼭 좋은 것은 아니다. 도시는 양면적이다.

더욱이 1937년 조선토지경영주식회사의 사옥으로 쓰였던 건물이 있다는 점, 1970년 대에 첨단을 걷던 건물들이 함께 배치되어 있다는 점, 근대 도시계획으로 탄생한 방사상 도로의 핵심이라는 점은 '노스탤지어'를 자극하기도 한다. 오래된 도시의 풍경을 바라보며 과거와 현재가 중첩되는 경험을 할 수 있는 곳은 서울에서 흔치 않다.

성공회성당 앞 옛 국세청 건물을 헐면서 태평로에 드러난 성공회성당의 모습을 보며 우리는 '근대 서울의 이미지가 하나 추가되었다'고 기뻐했다. 그러나 그로부터 몇 달 지나지도 않아 근대 서울의 이미지 하나를 지워 버리려 한 것이다. 그 당사자가 부영그룹이었다는 점도 의미심장하다. 2013년 3월 세계적 건축가인 리카르도 레고레타Ricardo Legorreta가 제주도에 남겨 둔 유작 '카사 델 아구아(갤러리)'도 부영의 호텔 개발로 허물어지고 말았다. 부동산 임대 시대를 맞아 명실상부 대기업으로 떠오른 부영은 지금까지 인론의 삼시 밖에서 아무런 사회적 책무도 지려 하지 않았다. 분양 시대에서 임대 시대로 옮겨가는 과정에서 대기업으로 발돋움한 부영이라는 회사가 바뀐 시대상에 적응하지 못하고 있다는 점을 그대로 보여준 사례이기도 하다.

다행히 서울시는 뒤늦게 소공로 근대 건축물을 보존하는 방안을 찾기로 하고 부영과 협의를 시작했고, 도시건축공동위원회의 결정 사항을 서울시보에 공시하기 직전 부영과 극적으로 합의를 끌어냈다. 그 결과 '근현대 건축물 흔적 남기기에 관한 사항'을 조건으로 추가해 향후 건축위원회 심의 등을 거칠 때 근대 건축물을 보존하는 방향으로 논의를 이어 가기로 했다.

소공로는 앞으로 지금의 모습을 그대로 유지할 수 있을까? 우리는 우리 역사 속의 첫 근대 도시계획의 산물을 지켜낼 수 있을까? 원구단은 황제의 즉위식이 열렸던 대한제국의 상징적 공간이다. 그러나 지금은 누구도 원구단의 모습을 쉽게 찾아볼 수 없다. 수많은 고층빌딩으로 둘러싸여 있기 때문이다. 그중 하나인 프레지던트 호텔은 서울에서 용적률이 가장 높은 건물이다(1930퍼센트). "중국에서의 독립과 새로운 '천하'의 건설을 상징하는 원구단"이 이렇게 소외받고 있는 현실에서 소공로는 다른 운명을 개척해 나갈 수 있을까? 부영은 그 역사적 건물을 활용해 외국인 관광객을 위한 상품을 만들 생각을 왜 하지 못하는 것일까? 이 책을 마무리할 즈음인 2016년 말께, 부영과 서울시는 이곳 소공로의 길을 넓히면서도 건물을 보존하겠다며 필로티pilotis 방식을 발표했다. 근대 건축물의 아랫부분을 허물고 필로티를 세우겠다는 것이다. 보존하지 않느니만 못한 결과로 이어졌다는 점에서 충격적이고 허무했다.

투어리스티피케이션을
부르는 도시재생

내가 사는 동네가 사람들이 몰려오는 관광지로 변한다면 어떨까? 누군가에게는 행운이, 다른 누군가에게는 '불행의 씨앗'이 될 수도 있다. 특정 지역에 관광객이 몰리면 동네의 주거 기능이 약해지는 반면 '뜨는 동네'로 변하며 건물값이 뛰어오른다. 이른바 '투어리스티피케이션touristification'에 대한 견해차가 시작되는 지점이다. 투어리스티피케이션은 투어(관광)와 젠트리피케이션의 합성어다. 관광객이 몰려와 거주민들이 밀려난다는 의미다.

서울 중구는 거주민들을 내몰고 토지를 강제수용强制收用해 다산동에 관광 거점으로 공영 주차장과 문화시설 복합빌딩을 세우려 했다. 중구는 이 복합빌딩을 침술 요법을 위한 거점 시설로 만들려고 한 것이다. 중구의 의도대로 이 빌딩이 거점 시설로서 제대로 작동하게 된다면, 이곳 주변의 공간들도 이 거점 시설과 어울리는 용도로 차츰 변할 것이다. 거주지가 아닌 관광지로 바뀌는 것이다.

아무 문제 없이 잘 살고 있는 주거 지역을 느닷없이 관광지로 재생하겠다고 나선다면 그것도 괜찮을까? 높은 값에 집을 팔고 나가려는 건물주들에게는 좋을지 몰라도, 이곳에서 앞으로도 계속 살고 싶어 하는 사람들은 내쫓기는 신세가 될 수밖에 없다. 강제수용해 짓겠다는 초대형 공영 주차장과 복합 시설도 성곽길을 띄우기 위한 일환이다.

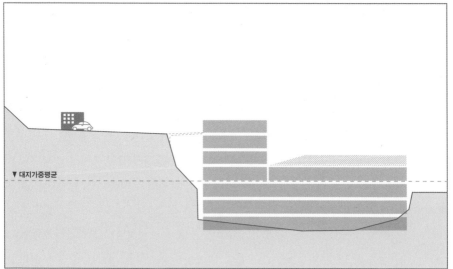

절개지를 이용한 서울 중구의 주차장 건립 계획안

절개지를 이용하면 각종 규제를 피해 초대형 건축물을 지을 수 있지만, 52가구의 거주민은 옮겨갈 곳을 찾기가 막막하다.

여기에 2대에 걸쳐 살고 있는 한 주민은 이렇게 말하며 울먹였다. "부모님의 흔적이 남아 있는 이 집에서 평생 살고 싶은데, 어찌 이런 일이 벌어지는지 모르겠습니다." 중구의 사례를 좀 더 깊이 들여다보자.

2014년 5월 말 중구는 '중구, 다산동 성곽길에 예술문화거리 조성'이라는 제목의 보도자료를 내고 다음과 같이 밝혔다. "성곽길과 인접한 건물 46곳 중 24곳을 근린 생활시설로 용도 변경토록 유도하고 점차 확대해 나갈 계획이다." 그 이유는 "주변 경관과 어울리는 전시실, 공방, 카페 등이 이 지역에 들어올 수 있도록" 하기 위해서다.

한양 도성을 문화 상품으로 만들어 이곳의 다산 성곽길을 경리단길이나 가로수길처럼 뜨는 거리로 만들고 싶어 하는 중구는 "외부 투자자들을 적극 유치한다"는 계획도 밝혔다. 여기서 말하는 외부 투자자는 이곳 건물을 새로 매입한 외부인들을 말한다. 앞서 말했듯, 젠트리피케이션은 부동산 투자에서 시작된다.

지자체가 그것을 강력하게 추천했고, 심지어 보도자료에까지 적어서 기자들에게 배포한 것이다. 동네에 살지 않는 외부인 건물주들은 자신이 소유한 건물을 수익용으로만 여기는 경향이 강하다. 그들을 일부러 끌어들여 주거지를 돈을 벌어들이는 관광지로 만들겠다는 뜻이다.

민간에서 저절로 이루어지는 부동산 쏠림 현상이야 어쩔 수 없는 일이라 쳐도 공익을 우선시해야 할 지방정부가 나서서 이런 일을 벌이기 시작했다는 것은 황당한 일이다. 중구의 이 정책으로 실제로 2014년 한 해 동안, 다산 성곽길에 바로 붙어 있는 46개 건물 중 12개가 거래되어 새 주인을 맞았다(중구에서 자랑스럽게 설명해 준 내용이다).

더욱이 이 사업을 시행하려면 성곽길과는 전혀 상관없는 동네의 주민들이 큰 피해를 보게 된다. 중구는 이 거점 시설을 짓기 위해 옹벽 위에 올라서 있는 성곽길의 아래쪽 땅을 이용하기로 했다. 아래쪽 땅에서 건물을 올리면 성곽길 바로 옆에 거대한 빌딩을 얻을 수 있다. 옹벽 아래쪽을 모두 주차장으로 쓰고, 그 위 성곽길에서 볼 때 지상 부위는 문화 시설로 활용하겠다는 의도다.

문제는 옹벽 아래쪽 땅을 강제수용해야 한다는 점이다. 그곳에는 52가구가 살고 있는 34필지가 있다. 이곳에 살고 있는 주민들은 난데없는 '폭탄'을 맞은 격이다.

물론 중구는 그 나름의 명분을 댔다. 옹벽 아래쪽 동네에 주차난이 심각해 주차장이 반드시 필요하다는 것이었다. 서울 곳곳에서 벌어지는 주차 문제가 워낙 심각하기 때문에 주차장을 짓겠다는 계획은 언제나 공익에 부합하는 것으로 여겨져 왔다. 다수의 이익을 위한 공리주의적 태도를 견지하는 현행 도시계획 제도는 주차장 설치에 매우 관대하다. 강제수용 권한까지 부여한다. 일부는 피해를 볼 수 있겠지만, 더 큰 공익적 효과를 얻을 수 있다는 논리를 바탕으로 한 것이다. 중구는 그 점을 이용했다.

성곽길이 3층 높이의 절개지 바로 위에 놓여 있다는 지리적 특성을 활용해 절개지 아래쪽부터 건물을 짓는다면, 남산 고도 제한과 성곽(한양 도성)에 대한 문화재 규제 등을 지키면서도 7층 규모에 연면적 9704제곱미터(2940평)의 초대형 건축물을 지을 수 있다. 성곽길에서 볼 때 절개지 아래쪽을 지하로 삼아 3개 층 모두 주차장(199면)으로 쓰고, 지상 부위 1층(전체 건물의 4층)은 주차장 진입부, 2~4층은 문화시설로 쓸 예정이라고 중구는 설명했다.

중구는 옹벽 아래쪽 동네 주민들에게는 주차난이 너무나 심각해 공익을 위해 어쩔 수 없이 주차장을 짓겠다고 하면서도, 성곽길에 관해 설명하면서는 차를 타고 성곽길 안쪽으로 들어와 이곳에 주차한 뒤 성곽길을 즐길 수 있게 하겠다고 취지를 밝혔다.

절개지 아래쪽 마을, 강제수용당하는 주민들은 큰 피해를 입게 되었다. 땅이 수용되어 보상을 받더라도 주거 불안을 피할 수 없기 때문이다. 주차장 예정지에는 작은 필지가 많다. 소유한 대지 면적이 13제곱미터에 불과한 가구도 있는데, 이 경우 보상비가 많아 봐야 3000만~4000만 원으로 예상된다. 수용 뒤에는 갈 곳을 찾기가 거의 불가능해진다. 이곳에서 47년 동안 살아온 주민 박순자 씨[*]는 지금 아들과 함께 살고 있었다. 그는 "달리 갈 데가 어디 있나. 보상이고 뭐고 그냥 여기서 계속 살았으면 좋겠다"며 한숨을 쉬었다.

흥미로운 사실은, 강제수용 대상지 주변 거주민 10명 중 9명이 설문 조사[**]에서 "공영 주차장이 필요 없다"고 답변했다는 점이다. 이는 중구가 주차장 건립 배경으로 내세운 '심각한 주차난'을 주민들이 직접 검증하겠다고 나선 결과다. 주민 조사 결과 대상지 300미터 반경 안쪽에 거주하는 가구의 93.9퍼센트가 "공영주차장이 필요 없다"고 밝혔고, 그중에는 "전혀 필요 없다"는 답변도 87.5퍼센트에 달했다.

그뿐 아니라 이곳 주민들이 보유한 차량도 서울 평균의 절반에 불과했다. 다산동 주민대책위원회는 대상지인 다산동 432-283번지 앞에서 기자회견을 열어 다음과 같이 밝혔다. "강제수용 대상지 중심에서 반경 300미터 안쪽에 거주하는 전체 1128가구 중 조사 대상 280가구(전체의 25퍼센트)가 보유한 차량은 총 173대에 그쳤다." 이는 가구당 보유 차량이 0.6대라는 말인데, 서울 시민 평균 승용차 보유 대수인 가구당 1.2대의 절반이다.●●●

강제수용 대상지 쪽에 가까울수록 차량 보유율은 더 떨어졌다. 대상지 반경 200미터 이내에서 조사된 177가구의 보유 차량은 96대로 차량 보유율은 가구당 0.5대였고, 100미터 이내의 99가구는 0.4대꼴(보유 차량 41대)이었다. 특히 강제수용 대상지 내의 조사된 주민 37가구(전체 52가구)의 보유 차량은 12대로 가구당 0.3대에 그쳤다. 물론 중구는 "통계를 뽑아 보면 (대상지 반경 300미터 이내의) 전체 1128가구 중 자동차 등록 대수는 1195대"라고 설명하지만, 주민대책위는 이렇게 반박했다. "주택 밀집 지역의 거주민들 중에는 노인들이 많아 차량이 없는 집이 실제로 많았다. 다만 우리가 조사하지 못한 일부 고급 빌라의 경우 한 가구에 차량 2~4대를 보유한 곳도 있

● 만났을 때 그는 79세였다.
●● 〈중구 공영주차장 예정지 주민 조사해 보니 차량 한 집 0.5대꼴…서울 평균의 절반〉, 《한겨레》, 2016년 3월 2일. http://www.hani.co.kr/arti/society/area/733097.html.
●●● 《서울 시민 승용차 소유와 이용 특성 분석》, 안기정, 2015년, 서울연구원

다. 이런 곳은 주차난과 관계없다."

주민대책위의 이번 조사는 행정기관이 해야 할 일을 주민들이 생존을 위해 직접 발벗고 나서서 진행했다는 점에서 주목받았다. '행정 실패' 논란 속에서 이른바 '마을 자치'가 살아나는 역설이 벌어진 셈이다. 위기는 기회가 될 수도 있다.

주민을 고민하지 않은 도시재생의 사례는 또 있다. 서울 종로구 이화동의 벽화마을에서는 관광객을 끌어들이려 한 정책이 주민들을 얼마나 힘들게 하는지를 보여주는 '사건'이 몇 차례 일어났다.

문화관광부 산하 공공미술추진위원회는 2006년 7월께부터 소외 지역의 생활 환경 개선을 위한 공공 미술 사업으로 '도시 속의 예술: 2006'을 추진했다. 지역의 역사적 문화 자원을 미술로 연결해 주민들의 삶을 개선하겠다는 취지였다. 당시에는 도시재생 개념 자체가 없기도 했거니와, "낙후된 인상을 주는 이화동 일대의 주택가에 벽화나 놀이 시설 등으로 활기를 불어넣겠다"는 계획의 취지도 엉뚱하기 그지없었다. 벽화나 놀이 시설이 들어서면 주민들의 삶이 개선될 수 있을까? 논리적으로 맞지 않는 이 사업은, 그러나 지역의 관광지화 효과를 극대화하는 방향으로 발전해 나갔다. 사람들이 옛 동네에 섞여 들어간 예술을 찾아오기 시작했다.

인기 예능 프로그램 〈1박2일〉에서 가수 이승기는 이곳 벽에 그려져 있던 날개 그림을 이용해 '천사'가 되는 인증사진을 찍었다. 그 장면이 방송을 타고 난 뒤부터 이곳은 사람들로 붐비게 되었다. 전국 각지에서 관광객이 이곳으로 몰려들어 사진을 찍었다. 날개 그림을 배경으로 사진을 찍으려는 인파는 평일 낮에도 길게 이어질 정도였다.

그러나 어느 날 이 날개 그림이 사라졌다. 왜? 이 날개 벽화를 그린 작가 스위치걸(아이디)은 블로그에 '이화동 날개 벽화를 지우고 돌아왔다'라는 제목의 글을 올렸다. 이승기가 출연한 방송이 나간 뒤 날개 한쪽 귀퉁이가 지워져 보수해 달라는 요청이 들어와 이 동네를 찾은 작가는 주민들에게서 예상치 못한 원망을 들어야만 했다. 벽화를 찾아온 관광객들이 지나치게 많아지면서 주민들의 사생활이 크게 침해받게 된 것이다. 서촌이 떴을 때도 마찬가지였다. 작은 한옥들이 늘어서 있는 조용한 골목길은 사진을 찍는 명소가 되었고, 주민들은 동물원 우리 속 원숭이가 된 느낌을 받았다.

한 주민은 이 작가에게 이렇게 말했다고 한다. "방송이 나간 뒤 잠을 잘 수가 없습니다. 남의 집 앞이니 조심해 주면 좋을 텐데, 소리치고 웃고 떠들면서 새벽까지 촬영을 해요. 집 벽이 얇아서 방음도 잘 되지 않아요." 어린 딸을 둔 한 아주머니는 "새벽에 남자들이 우르르 몰려와 팬티만 입은 채 사진을 찍어댔다"고 전하기도 했다.

잉어 네 마리가 생동감 있게 헤엄을 치는 듯한 아름다운 계단 벽화도 2016년 5월 날개 벽화와 비슷한 운명을 맞았다. 이 그림은 어느 날 갑자기 사라졌다. 누군가가 그림 위에 회색 수성 페인트를 덧칠한 것이다.

경찰 조사 결과, 범인은 주민들이었다. 박아무개 씨 등 주민 다섯 명은 공공 벽화를 지운 혐의로 경찰에 불구속 입건되었다. 이들은 경찰에서, 벽화 마을이 조성되면서 관광객들이 몰려 소음과 낙서 등으로 말미암은 불편으로 민원을 제기했지만 개선되지 않자 벽화에 페인트칠을 했다고 진술했다.

공간의
리프로그래밍 1

안타깝게도 아직 주거지 재생이 성공한 사례는 없다. 김 대표의 연희동 재생은 주거지를 상업지로 바꿔 활력을 준 사례이지, 주거지를 주거지로서 다시 태어나게 만든 사례는 아니다. 다만, 김 대표의 사례에서 어떤 방향으로 재생이 이루어져야 할지 힌트를 얻을 수 있다.

지자체들은 주거지를 재생시킨다면서 주거용 건물을 상업용 건물로 만든다거나, 목공예 등을 이용해 마을 공동체를 활성화한다는 식의 '소프트웨어적인' 방식의 재생만 고려하고 있다. 주민들이 살고 있는 집의 물리적 재생에 대해서는 고민하지 않는 듯하다. 이래서야 '헌 집 주고 새 집 받는' 도시개발의 대안이 될 수 있을까?

대표적 주거지 재생 사업인 창신·숭인 재생 사례를 보자. 서울형 도시재생 1호인 창신·숭인 지역에서는 12개 마중물 사업과 중앙 부처 협력 사업 등 25개 도시재생 사업이 벌어지고 있다. 예산이 무려 1007억 원이나 투입된다. 마중물 사업의 대표적 사례는 세계적 비디오 아티스트 백남준 기념관을 여는 것이다. 백남준이 유년 시절을 보낸 가옥이 있던 터의 단층 한옥을 매입하고 개보수하여 기념관을 조성한다. 또 봉제박물관과 봉제거리를 조성한다. 서울 패션 산업의 메카인 동대문시장의 배후 생산지라는 이 지역의 특성을 살렸다. 디자이너들이 저렴하게 이용할 수 있는 봉제 공동 작업장도 최대 10곳으로 늘린다. 조선총독부 등 일제강점기의 석조 건물에 쓰인 돌을 캐던 채석장 지역 3만제곱미터 일대를 명소화한다. 2020년까지 문화공원과 전망대, 자원재생센터 등을 만들고 그 후 야외 음악당을 건립한다.

물론 서울시는 주차장과 청소년 문화 시설 건립을 위해 213억 원을 배정하고 노후 하수관로 개량 능도 진행하고는 있지만, 초점을 맞추고 있는 사업 내용을 보면 관광객을 끌어들이기 위한 방식으로 보인다. 그러나 이런 내용이 과연 그 장소에 어울리는 것인지는 잘 모르겠다.

그렇다면 진짜 재생은 어떤 식으로 이루어져야 할까? 쿠움파트너스 김 대표가 진행하는 재생 사례들을 중심으로 민간 영역에서 벌어지고 있는 재생에 대해 설명해 보려 한다. 우선 도시재생을 위해 선행되어야 할 일은 ① 특정 지역에 어울리는 쓰임새(임차인)를 찾아내는 것이다. 이어 ② 그 지역에 변화를 줄 만한 건물(거점)을 찾아내고, ③ 지역의 쓰임새에 맞게 건물을 디자인·설계하고, ④ 건물주의 경제적 사정이나 건물의 상태 등을 고려해 시공 방식(재생건축 여부)을 결정해야 한다. 김 대표는 이런 순서에 따라 공간을 '리프로그래밍'한다. 적절한 리프로그래밍은 건물을 살리고, 그 건물이 있는 지역을 살려 낸다.

이런 과정은 건물주의 의뢰를 받아 시공까지만 하는 형식으로 이루어질 수도 있고, 건물주에게서 건물을 통째로 임대받은 뒤 리프로그래밍을 하고 임차인을 받아 수 년간 관리하는 방식이 될 수도 있다. 후자의 사례는 최근 많은 곳에서 시도되고 있다. 공동체주택 사업자인 우주가 건물을 빌려 청년들을 위한 주거 공간으로 리모델링해 재임대하는 형태가 바로 그런 식이다. 쿠움파트너스 역시 비어 있거나 수익성이 좋지 않은 건물을 통째로 빌려 건물을 리프로그래밍하고, 그에 맞춰 건물을 리모델링해 임차인을 끌어들여 임대수익을 얻는 '전전대' 방식을 활용한다.

앞서 거론한 A건물의 사례를 다시 떠올려 보자. 그 건물에 리프로그래밍 비용으로 3억 5000만 원을 들여 연 임대수익 1억 2900만 원을 창출해 냈다. 저금리·저성장 시대에 연간 투자 수익률이 36.9퍼센트에 달한다. 수익의 절반 정도를 건물주에게 임대료로 떼어 준다고 하더라도 연수익률이 20퍼센트에 달할 정도로 엄청난 수익성을 자랑한다. 심지어 쿠움파트너스는 임차인들을 상대로 임대료를 낮게 받고 있을 뿐 아니라, 지난 5년간 올리지도 않았다. 그만큼 임차인이 만족하는 공간을 만들어 냈다는 의미이면서 동시에 '용적률 게임'에서 승리할 수 있는 설계를 해냈다는 의미다. 재생의 시대에 이 같은 리프로그래밍은 사업자에게 사업성이 매우 크다는 것을 확인할 수 있는 사례다. 물론 쿠움파트너스와 같이 ①~④까지의 일을 모두 할 수 있는, 종합 능력을 갖추고 있는 재생 전문 기업이 얼마나 있는지는 미지수이지만, '임차인 사회'가 된 한국에서 앞으로 이런 방식의 사업이 확산되는 것은 시간문제다. 도시재생 시대의 '황금알을 낳는 거위'라 불러도 손색 없을 정도로 높은 수익률이 존재하는 시장이기 때문이다. 그러니 서울시 같은 공공 입장에서는 이런 식으로 이루어지고 있는 민간 임대시장을 어떻게 활용하느냐가 숙제로 남는다. 지금까지 공공이 민간 디벨로퍼들을 이용해 개발 시대를 이끌어 왔듯이, 앞으로는 민간 임대시장을 어떻게 활용하느냐에 따라 재생의 성패가 판가름 날 것으로 보인다.

개발 시대 이후의 재생 시대에는 항상 동네의 콘셉트를 고민해야 한다. 그 동네에서 소화할 수 있는 수요에 대해 먼저 판단해야 한다는 뜻이다. 이어서 고민해야 할 것은 투자비를 뽑아 낼 수 있는 시공 방식이다. 불도저로 밀어 버리고 새로운 건물을 지으면 무조건 수요가 창출되던 개발 시대는 지났다. 이제는 동네를 철저히 분석하고 어떤 방식이 수요를 창출하고 투자금을 회수하는 구조를 만들어 낼 수 있는지를 파악해야 한다.

도시재생은 그래서 복잡하고, 따라서 동네에 대해 아주 잘 아는 지역 전문가 중심으로 이루어져야 한다. 아울러 첫 단추를 끼우는 기획부터 그에 맞는 건축 및 도시 설계, 이후 쭉 이어지는 관리까지 모든 과정에서 전문성과 책임감이 있는 주체를 찾는 일이 중요하다.

나는 서울시를 비롯한 우리나라 지자체들이 도시재생에 대해 마을 만들기 같은 소프트웨어적인 문제에만 집착하고 있다고 의심한다. 사실 내가 보기에, 서울의 경우는 아직 마을 만들기가 필요한 단계가 아니다. 그럼에도 이런 일을 벌이는 것은 일본의 사례를 연구하고 영향을 받았기 때문이 아닌가 하는 의심이 든다. 일본은 우리나라와 여건이 많이 다르다. 어떻게 다른지, 일본의 유명 도시재생 기획가 야마자키 료의 사례 중 하나를 살펴보자.●

일본의 쇼도시마小豆島는 간장이 유명한 곳이다. 섬에 간장 공장이 있고, 섬을 건다 보면 간상 향내가 감돌 정도다. 야마자키 료는 이 간장을 이용해 마을을 활성화했다. 그는 마을 주민들을 작업에 참여시켜 디자인을 함께 고민하게 했고, 그 과정에서 서로 소통하게 만들었다.

그는 마을 주민 50명과 함께 공장에서 남아돌아 골칫거리인 간장 유리병을 수거하기 시작했다. 이미 산화되어 버린 간장도 모았다. 유리병 각각에 간장의 농도를 다르게 해 넣었다.

무려 8만 개의 유리병에 간장을 넣으려니 일손이 부족했다. 유치원과 초등학교, 고령자 시설을 찾아 주사기를 이용해 간장을 넣는 작업을 이어 갔다. 간장이 어두운 색에서 밝은 색으로 번지듯 변화하는 '그라데이션' 효과를 냈고, 형광등 불빛을 이용해 아름다운 유리벽을 만들었다. 이 과정을 함께한 주민들은 '간장회'를 스스로 만들고, 다양한 활동을 전개해 나갔다.

야마자키 대표는 쇼도시마의 사례를 들며 "우리가 제일 만들고 싶었던 작품은 유리벽이 아니라 사람들의 유대 관계였다"고 말했다. 그가 한 일은 주민들이 마을에 대한 애착을 쌓을 수 있게 도와주는 것이었다.

야마자키 료가 주민들의 '마을에 대한 애착'에 초점을 맞춘 것은 사람들이 이 동네를 떠나며 공동화되는 현상을 극복하기 위해서였다. 일본은 인구 감소가 상당 수준 진행되어 동네가 사라지느냐 살아남느냐에 대한 압박을 받고 있다. 적어도 살던 사람들이 떠나지 않아야 마을이 유지될 수 있다.

이는 분명 서울과는 다른 상황이다. 서울은 아직 동네를 존속시켜야 한다는 목적으로 도시재생을 펼쳐야 할 상황에 이르지는 않았다. 지금 서울의 화두는 당장 도시개발에 좌절한 사람들에 초점이 맞춰져야 한다. 허물어져 가는 집에서 울분에 싸여 있는 주민들이 좀 더 쾌적한 물리적 환경에서 삶을 영위해 나가도록 하는 것이 중요하다.

• 〈간장병 활용해 '유리벽' 만들어 참여 주민 소통하고 애착 쌓여〉, 《한겨레》, 2014년 9월 23일, http://www.hani.co.kr/arti/society/area/656583.html.

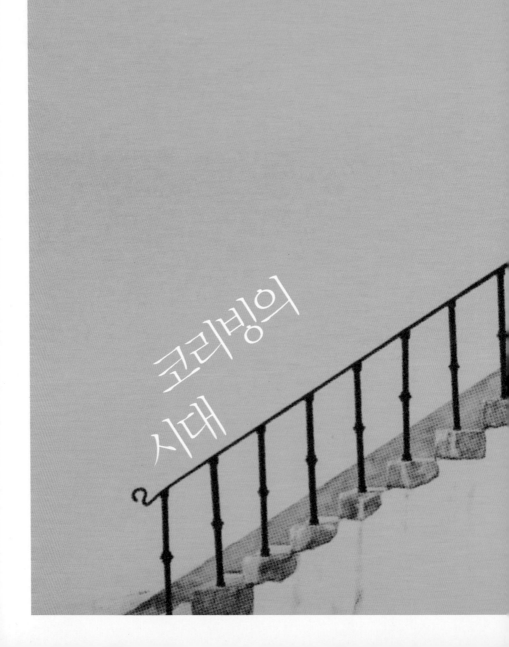
코리빙의
시대
2

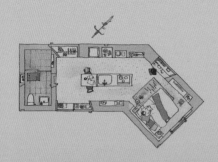

앞선 이야기가 부동산 공급자들의 이야기라면, '함께 살기'라는 의미의 코리빙co-living은 부동산 수요자들에 대한 이야기다. 수요가 있기에 공급이 그 뒤를 따른기. 부동산 자본이 몰려가는 것은 도시 중심에서 살고 싶어하는 사람들의 욕구가 존재하기 때문이다. 그것은 젠트리피케이션이라는 형태로 트렌드가 드러나고 있다. 그 흐름 안에서 재생건축이 꿈틀거린다. 그렇다면 사람들이 몰리는 도시의 중심에서는 어떤 현상이 나타날까? 그 답은 코리빙과 셰어하우스다. 이 트렌드는 이미 세계의 어느 도시에서든 쉽게 찾아볼 수 있다.

사실 코리빙과 셰어하우스의 트렌드는 새로운 것이 아니다. 서울도 1970~80년대에 이미 경험해 보았다. 소설가 신경숙은 자전적 소설《외딴 방》에서 서울 가리봉동의 벌집촌을 다음과 같이 묘사했다. "서른일곱 개의 방이 있던 그 집, 미로 속에 놓인 방들, 계단을 타고 구불구불 들어가 이젠 더 어쩔 수 없을 것 같은 곳에 작은 부엌이 딸린 방이 또 있던 3층 붉은 벽돌집." 그는 1980년대에 이곳에서 여공으로 일했다.

신경숙 씨가 말하는 벌집촌이 바로 셰어하우스다. 당시에는 왜 셰어하우스가 등장했을까? '서울행'이 급격하게 이어지는 도시화 과정이 원인이었다. 일자리를 찾아 농촌에서 도시로 몰려오는 반면, 집은 그만큼 공급되지 못했다. 집세를 감당하기도 힘들었다. 그러니 한 집을 빌리는 게 아니라, 방 한 칸을 값싸게 빌려 살았다.

지금의 코리빙 트렌드도 크게 다르지 않다. 도시화는 지금도 진행 중이다. 특히 도시 중심지로의 쏠림 현상은 여전히 빠르게 진행되고 있다. 2014년 UN이 낸 보고서 〈세계 도시화 전망〉을 보면, 1950년 도시에서 거주하는 인구가 전체의 30퍼센트였던 것이 2014년에는 54퍼센트까지 올라갔고, 2050년에는 전체 인구의 66퍼센트가 도시에서 거주할 것으로 예측되고 있다.● 미국의 뉴욕, 영국의 런던, 한국의 서울 등 핵심 도시로 인구가 밀집되는 현상은 앞으로도 더욱 가속화될 것이다. 더욱이 서울은 규모가 굉장히 큰 도시다. 그러니 서울 안에서도 도시 집중화와 양극화가 나타난다. 빠르게 밀도가 높아지는 동네가 있는 반면, 그렇지 않은 곳이 생기게 마련이다. 앞서 '젠트리피케이션'을 통해 중심지의 변화 과정을 엿볼 수 있었듯, 동남권과 홍내권역 등으로 집중되는 현상은 계속 가속화된다.

여기에서 문제가 생긴다. 공급보다 수요가 더 많아지기 때문이다. 어떻게 해결해야 할까? 자연스럽게 해법은 코리빙으로 귀결될 수밖에 없다. 소비자들은 집을 쪼개 집세를 줄이는 식으로 대응하려 하고 있다. 당연히 예전의 벌집촌과는 달라야 한다. 왜냐하면 그때와 달리 지금은 문화적 수준이 크게 높아졌기 때문이다. "돈이 없지, '가오(자존심)'가 없냐"라는 말이 유행어가 되었듯, 모여 사는 사람들에게 '자존심'은 필수적인 요소다. 그러니 예전의 벌집촌과는 다를 수밖에 없고, 달라야만 한다. 그래서 예전에는 없던 개념이 생겼다. 바로 공유 공간의 등장이다. 작은 방에서 살지만 넓게, 그리고 화려하게 살 수 있도록 도와주는 것(착각일 수도 있다)이 바로 공유 공간이다. 넓고 기분 좋은 공유 공간이 있다면, 내가 가지고 있는 전용 공간이 좁더라도 풍요로운 생활을 한다는 느낌(또는 착각)을 갖는다.

그뿐 아니라 한국에서 젠트리피케이션 논쟁이 오래 머물고 싶은 욕망을 반영한다면, 새로운 트렌드는 오히려 쉽게 떠날 수 있는 '코즈모폴리턴'●●의 욕구를 반영한다. 모기지(주택담보대출)에 얽매이고 싶어 하지 않고 몸을 가볍게 하고 싶어 하는 욕구 때문에 에어컨이나 침대 등이 모두 완비되어 있는 집을 원하게 된다. 언제든 떠날 수 있지만 따뜻한 집, 이 모든 욕망의 투영이 코리빙이라는 트렌드에 담겨 있다. 그렇다 보니 이제 '벌집촌' 때와 같이 단지 경제적 이유 때문에 함께 살려고 하지는 않는다. 젊은이들은 자신과 다른 사람들과의 교류를 강조한다.

"개인의 번영은 새로운 것을 경험하는 데서 온다. 새로운 상황, 새로운 문제, 새로운 통찰력, 개발하고 공유할 수 있는 새로운 아이디어가 그런 것들이다." 경제학자 에드먼드 S. 펠프스Edmund S. Phelps가 《대번영의 조건Mass Flourishing》에서 말했듯이 시대적으로 교류의 중요성은 점점 커지고 있다.

이른바 제4차 산업혁명이라는 것 자체가 바로 교류와 협력을 바탕으로 탄생한 새로운 트렌드다. 제4차 산업혁명에 해당하는 기술이라는 것이 바로 제3차 산업혁명에 등장한 기술을 기반으로 서로 다른 아이디어를 가진 사람들이 교류하고 지식을 융합해 만들어진 것이다. 네트워크로 연결된 세상은 그 융합의 힘을 극대화하고 있으며, 교류의 중요성은 점점 부각하고 있다.

사회학자 리처드 세넷Richard Sennett은 《투게더Together》에서 이렇게 말했다. "협력은 일을 완수하는 기계장치에 윤활유를 쳐준다. 또 함께 일하는 것을 통해 개인들에게 부족한 부분이 채워질 수도 있다." 한곳에 모여 교류하며 서로를 보완하는 사례는 오래전부터 많았다. 우리가 익

• "World Urbanization Prospects", United Nations, The 2014 Revision, https://esa.un.org/unpd/wup/ Publications/Files/WUP2014-Highlights.pdf.

•• cosmopolitan, 세계를 제 집처럼 여기는 사람들을 일컫는 말이다.

히 알고 있는 '인상주의' 화풍도 교류의 힘이 만들어 낸 결과물이다. 클로드 모네Claude Monet와 피에르 오귀스트 르누아르Pierre Auguste Renoir는 샤를 글레르Charles Gleyre라는 화가의 화실에서 만났고, 이어 에두아르 마네Édouard Manet, 에드가 드가Edgar Degas, 베르트 모리조Berthe Morisot, 카미유 피사로Camille Pissarro가 모였다. 이 화실은 중요한 교류의 장이었다. 함께 만난 이들은 그림에 대해 대화하고 토론하며 기술을 발전시켰다. 그리고 인상주의를 만들어 냈다. 코리빙의 공간이 바로 현대가 요구하는 '샤를 글레르의 화실'이다. 이 욕구를 반영해 시장은 코리빙을 위한 수많은 상품을 만들어 내고 있다.

사실 코리빙은 다양한 측면을 담고 있다. 특히 한국 사회에서는 함께 살며 외로움을 해소하자는 취지를 상당히 강조하고 있는 것이 사실이다. 그러나 나는 함께 살며 경제적으로나 감정적으로나 서로를 의지하는 측면보다는 교류와 새로운 경험을 얻는다는 데 초점을 맞췄다. 여기서 굳이 '코리빙'이라는 영어 단어를 쓴 것도 이 때문이다. '함께 살기'라는 우리말에는 왠지 같이 사는 사람들과의 '성'만을 최우선적으로 강조해야 할 듯한 뉘앙스가 있기 때문이다. 우리의 언어에 담겨 있는 색깔이 너무 강했다.

소유보다 경험 원하는 '밀레니얼'의 등장

셀린 다 코스타Celinne Da Costa는 최근 뉴욕에서 하던 일을 버리고 세계를 여행하며 글을 쓰고 있다. 그는 '밀레니얼'이다. 이미 30개국 이상을 여행한 그녀는 《포브스Forbes》에 자신의 삶에 대해 다음과 같이 글을 썼다.●

"밀레니얼들은 기업들의 세계에서 '기업의 목적'을 위해 마치 파리 목숨처럼 탈락하며 좌절합니다. 이런 세상에서 어리고, 상처받고, 빚을 진 어린아이들은 과연 자신이 원하는 것을 할 수 있게 될까요? 저는 최근에 뉴욕에 있는 회사를 그만뒀습니다. 저는 제꿈을 따르고, 제가 결심한 것을 성취하는 일이 얼마나 중요한지 말할 수 있게 되었어요.

제가 부자냐고요? 아니에요. 저는 중하위 계층에서 중상위 계층으로 올라선 가족에서 태어났을 뿐이에요. 그 약간의 계층 상승을 위해 우리 부모님은 극도로 힘든 노동을 견뎌야만 했어요."

그는 자신이 왜 노마드적인 삶을 사는지에 대해 담담히 설명했다. 비행기에서 이 글을 쓰고 있다고 소개한 그는 안정성이라는 가치는 포기했다고도 말했다. 물론 그런 선택을 한다는 것이 쉽지는 않다. 그만큼 그에게는 여행이 중요한 일이었다.

"제가 세계 여행을 할 수 있게 된 비밀은 여기에 있어요. 저는 제게 가장 중요한 일이 무엇인지 확인할 수 있었어요. 저는 가차 없이 우선순위를 매겼습니다. (…) 저는 피아노 치는 걸 좋아하고, 그림을 더 잘 그렸으면 하고, 다섯 번째 외국어를 공부하고 있어요. 돈과 시간의 제약만 없다면, 바로 지금 이 모든 일을 할 거예요. 하지만 불행히도, 현실은 그렇지 않아요. 우리는 삶에서 뭔가를 골라야 해요. 제 친구 얘기를 해볼까요? 제 친구 하나는 엄청난 식도락가예요. 요리하는 것을 좋아하고, 새로운 음식을 먹는 일도 좋아해요. 그와는 달리, 저는 미식을 즐기지만 그런 일이 새로운 장소를 보러 가고 사람들을 만나고 다양한 문화 속에 흠뻑 빠지는 즐거움에는 미치지 못하는 것 같아요. 저는 젊고, 건강하고, 재정적으로 얽매여 있지 않아요. 경험을 위해 편안함을 포기하는 데 아무런 문제가 없기 때문에 이렇게 살 수 있는 거예요. 여행하고 글을 쓰기 위해 나는 삶의 안정성은 포기한 거예

● "How This Millennial Nomad Affords Full-Time Travel", *Forbes*, August 22, 2016, http://www.forbes.com/sites/celinnedacosta/2016/08/22/how-i-can-afford-full-time-travel-it-has-to-do-with-prioritizing/#8b33e4f1929d.

요. 다른 사람들이 자유와 그에 따르는 유목민적인 삶을 포기하고 아파트를 선택한 것과 다르지 않아요."

밀레니얼이란 1982~2000년 사이에 태어난 신세대를 일컫는 말이다. 2000년대의 주역이 될 것이라고 해서 밀레니얼 세대라 불린다. 또 베이비붐 세대의 자녀들이어서 '에코붐 세대'라고도 불리고, X세대 이후의 세대라는 의미로 'Y세대'라고도 불린다. 미국에서는 이 밀레니얼 세대에 대한 분석이 한창이다. 골드만삭스는 다음과 같이 강조했다. "밀레니얼 세대가 경제를 바꾸고 있다. 시장의 변화에 대해 검토해야 한다."● 미국에서는 이럴 수밖에 없다. 이들 밀레니얼의 수가 베이비붐 세대를 압도하기 때문이다. 1980~2000년생 인구는 미국에서 9200만 명에 달한다. 1965~1979년생 X세대는 6100

셀린 다 코스타가 자신의 블로그에 올린 사진

그의 자유로운 삶의 모습이 그대로 드러나 보인다.

사진 출처: 노마드오아시스닷컴 (www.thenomadsoasis.com/about)

● "Millennials: Comming of Age", Goldman Sachs, http://www. goldmansachs.com/our-thinking/ pages/millennials/index.html.

만 명, 1945~1964년생 베이비붐 세대는 7700만 명이다.

한국은 인구 비중이 미국과 다르다. 그러나 밀레니얼이 거대한 트렌드를 이끄는 중요한 세대라는 점은 부정할 수 없다. 젊은 세대는 언제나 트렌드를 주도해 왔다. 젊은 이들이 '뜰 만한 거리'를 찾아다니고, 그곳을 '핫 플레이스'로 만든다. 뒤이어 '아저씨'들이 따라온다. 유동 인구가 풍부한 곳에는 자본이 몰린다. 게다가 지금의 20~30대는 과거의 세대와는 확연히 구분될 정도로 높은 문화적 혜택을 받은 세대다. 미국 같은 선진국의 문화 흐름이 한국에 영향을 주는 점도 크다.

문화는 위에서 아래로 흐른다. 이들의 움직임은 자연스럽게 대세가 될 수밖에 없다. 그런 점에서 한국에서도 밀레니얼의 움직임에 주목할 수밖에 없다. 서울대 소비트렌드 분석 센터는 '욜로'를 2017년의 트렌드 키워드로 꼽았다. 욜로는 영어 'You Only Live Once(당신은 한 번뿐인 인생을 산다)'의 약자다. "언제든 직장을 그만두고, 적금을 깨서라도 어디론가 떠나는" 이들은 미래보다 현재를 우선하는 밀레니얼 세대의 특성을 그대로 대변한다. 《중앙일보》의 보도 내용을 보면, 경남 마산의 중소기업 디자이너인 강혜영 씨(27세)는 월급의 20퍼센트 정도를 카카오의 캐릭터인 '라이언' 구매에 쓴다. 그는 이렇게 말한다. "아깝다는 생각은 안 든다. 한 번 사는 인생인데 좋아하는 물건을 사서 만족하며 쓰는 게 중요하다." 이현주 씨(28세)도 비슷하다. 그는 이렇게 말한다. "여행을 다녀오면 내가 성장하는 게 느껴진다. 지금 아니면 이런 경험

을 못하니 여행을 포기할 수 없다."●

물론 지금 한국의 젊은이들은 대부분 '떠밀린 욜로'일 수도 있다. 언제든지 떠날 수 있을 정도로 여유가 있다기보다, 지금 가지고 있는 것이 너무나도 보잘것없어서 버리고 다시 시작하는 데 거리낌 없는 경우가 더 많다.

밀레니얼은 소유보다는 경험과 이벤트, 네트워크를 중시하는 세대다. 이들의 등장은 젠트리피케이션과 도시재생이라는 주제에서도 빼놓을 수 없는 중요한 사건이다. 이들은 패셔너블한 경험을 중시한다. 재생건축에 깃들어 있는 시간이 쌓인 '작품'의 가치를 알아본다. 그 가치를 모를 수도 있다. 그러나 다양성을 추구하는 이들은 새로운 경험이라는 차원에서도 재생건축을 소중히 여긴다. 역사와 이야기를 즐길 줄 안다. 밀레니얼은 새로운 도시를 만들어 가는 핵심 주체이자, 반드시 짚고 넘어가야 할 주제다. 이들은 도대체 누구인가?

"오너Owner가 아닌 노너Nowner가 되는 것이 더 매력적이다."●●

《포브스》는 밀레니얼을 소개한 기사에서 밀레니얼과 관련해 위와 같이 표현했다. 그렇다. 이들의 행동 양식에서 우리는 '소유의 종말'을 엿본다. 이들은 소유ownership보다는 접근권access에 더 가치를 둔다. 이미 이들의 소비 환경은 그렇게 변모했다. 음악 CD를 소유하지 않고, 심지어 MP3 파일조차 소유하려 들지 않는다. 그저 스트리밍 서비스에 가입해 접근권만 얻으려 한다.

집도 마찬가지다. 2008년 금융위기 때 버블 붕괴를 그대로 지켜본 밀레니얼 세대는 집을 소유하려 들지 않는다. 당시 밀레니얼 세대의 부모 세대는 평생을 희생하며 모기지로 소유한 집을 한순간에 날려 버렸다. 집을 소유하기 위해 달려온 이들의 인생도 송두리째 날아간 셈이다. 이 부질없음을 깨달은 이들은 이제 집을 소유해야 한다는 집착을 버렸다. 과거 세대와 달리 집을 산다는 것은 현실적으로 불가능하다는 판단을 하게 된 점도 강하게 작용했다. 저성장 시대에 취직부터 걱정해야 하는 이들은, 간신히 취직에 성공한다고 해도 월급 상승률이 집값 상승률을 따라잡지 못한다는 사실을 너무나도 잘 알고 있다. 그러니 애초부터 이들의 선택지에 집은 없다. 자연스럽게 집은 그저 잠시 머무는 공간으로 이들의 머릿속에 자리잡았다.

소유에 대한 집착은 사라졌다. 그러나 경제학의 원칙 중 하나인 '희소성의 원칙'은 그대로 유지된다. 소유가 아닌 다른 무언가가 더 중요해졌다는 뜻이다. 밀레니얼은 만남과 경험을 중시한다. 미국의 이벤트 회사인 이벤트브라이트가 조사 업체 해리스에 의뢰해 분석한 결과를 보면, 밀레니얼 세대 네 명 중 세 명은 뭔가를 구입하려 하기보다는 경험이나 이벤트에 돈을 쓰려 한다.[•••] 이들은 남들과 함께 있기 위해 돈을 쓴다. 이벤트브라이트는 밀레니얼 세대가 등장함에 따라, 소비자들이 경험과 이벤트에 투자하는 비중이 1987년 이후 지금까지 70퍼센트로 늘었다고 설명했다.

밀레니얼 세대는 새로운 경험을 위해서라면 돈을 쓰는 것도 개의치 않는다. 금융위기로 한순간 물거품이 되어버린 집을 보며 자란 이들에 대해, "지극히 개인적인 '종족'"이라고 폄하할 수도 있다. 그러나 또 다른 관점으로 보면, 이들은 인생의 본질에 대해 깊이 탐구할 줄 아는 세대라고도 할 수 있다. 높은 문화적 혜택을 받아 왔기에 현재의 일상을 즐기는 데 높은 가치를 둘 줄 아는 감수성을 지니고 있다.

이들은 미래보다는 현재에 더 큰 가치를 둔다. '포켓몬고'가 미국에서 유행했던 2016년 여름, 유일하게 게임을 실행할 수 있는 곳이었던 속초를 찾아 기꺼이 고속버스에 몸을 실었던 것은 이 때문이다. 포켓몬고라는 남들과 다른(한국에서는 게임이 출시되지 않아 속초에서만 할 수 있

• 〈틈틈이 해외여행, 호텔서 휴식… 한 번 뿐인 인생 즐기며 살래요〉, 《중앙일보》, 2017년 1월 17일, http://news.joins.com/article/21132472.
•• "NOwnership, No Problem: Why Millennials Value Experiences Over Owning Things", Forbes, Jun 1, 2015, https://www.forbes.com/sites/blakemorgan/2015/06/01/nownershipnoproblem-nowners-millennials-value-experiences-over-ownership/#747e7bdf5406.
••• "Millennials Fueling the Experience Economy", Eventbrite, http://eventbrite-s3.s3.amazonaws.com/marketing/Millennials_Research/Gen_PR_Final.pdf.

었다) 경험을 위해서라면 얼마든지 휴가를 낸다. 또 자신과 같은 일을 벌이고 있는 동년 배들을 보며 묘한 동질감과 연대의식을 가졌다. 경험과 네트워크라는 키워드를 포켓몬 고 현상에서 그대로 찾아볼 수 있는 셈이다.

경험과 현재에 가치를 두는 이들의 특성은 어쩌면 떠밀려 나타난 현상일지도 모른다. 200만 원 월급 받아 주거비(임대료+관리비)로 60만~70만 원 정도를 쓰고, 교통비와 식 비를 쓰고 남은 돈을 모아 봤자 한 달에 20만~30만 원이라면 모으고 싶을까? 그런 점 에서 이들은 '떠밀린 욜로족'이라고도 말할 수 있다.

물론 문화적으로 큰 흐름이 바뀌면서 나타난 현상으로도 해석할 수 있다. 관계망을 기반으로 한 서비스인 페이스북과 트위터 등이 떠올랐고, 우버 등의 차량 공유 서비스 가 확대되면서 자동차 소유가 감소하고 있다. 음악 CD보다는 스트리밍 서비스와 라이 브 콘서트 수요가 늘었다. 이제 소유가 아니라 경험이 중요해졌다.

이 현상을 '매슬로의 욕구 5단계설'로 설명하는 논문도 있다. 이 논문의 내용은 다음 과 같다. "제4차 산업혁명은 인간의 미충족 욕망인 개인의 표현과 자아 완성이라는 정 신 소비 혁명으로 나아가고 있다. 사람들이 획일화된 제품보다는 최적화된 나만의 제 품, 나만의 서비스에 대한 수요가 늘어났다. 1년간 번 돈을 모두 여행에 쓴다든지, 매달 구두를 사 모은다든지 자신의 욕구를 우선시하는 소비 움직임도 나타나고 있다."●

그렇다면 이들에게 집이란 무엇인가? 소유하기 위한 것이 아니라 경험을 위한 공간 이다. 사람을 만나기 위한 공간이다. 그 귀결로 영미권에서는 코리빙을 위한 다양한 상 품이 등장하고 있다.

1인 가구의 부상

코리빙이 가능해지려면 1인 가구의 증가가 뒷받침되어야 한 다. 코리빙은 1인 가구들이 모여 함께 사는 것이기 때문이다. 모수母數가 충분치 않으면

이 같은 현상이 나타나기 힘들다. 이와 관련해, 한국에서는 이미 1인 가구가 대세로 떠오르고 있다는 점은 주목할 만하다. 2016년 9월 7일 통계청이 발표한 '2015년 인구 주택 총조사'를 보면, 2015년 한국의 1인 가구는 전체 1911만 1000가구의 27.2퍼센트인 520만 3000가구였다. 25년 전인 1990년(전체 1135만 5000가구 가운데 102만 1000가구, 전체의 9퍼센트)과 비교하면 숫자는 5배, 비중으로는 3배 늘어난 것이다.

이는 우리 사회의 가구 변화를 그대로 보여준다. 1980~2005년까지만 해도 4인 가구가 세 집 중 한 집 꼴로 가장 많았지만,** 2010년에는 2인 가구가 네 집 중 한 집으로 가장 많았고, 이어 이번에는 1인 가구가 우리 사회에서 가장 흔한 가구 형태가 된 것이다. 1~2인 가구로 따지면 전체의 절반 이상이며, 3인 가구(21.5퍼센트), 4인 가구(18.8퍼센트)가 그 뒤를 이었다.

1인 가구의 부상은 '미래를 위한 저축보다는 현재를 위한 소비'를 지향하는 밀레니얼 성향과 결합되며 시장에 커다란 파장을 일으키고 있다. 저성장이 이어지는 경기 부진 상황에서도 1인 가구의 소비성향만 늘었다. 통계청의 가계 동향을 보면 2016년 2분기 1인 가구의 평균 소비성향은 77.6퍼센트로 2015년의 74.3퍼센트보다 3.3퍼센트포인트 증가했다. 평균 소비성향이란 가처분소득 대비 소비지출을 말하는 것으로, 100만 원의 가처분소득 가운데 77만 6000원을 소비로 썼다는 뜻이다.

특히 오락·문화 부문의 소비가 전년 대비 36.6퍼센트

• 안상희, 〈제4차 산업혁명이 일자리에 미치는 영향〉, 2016년 8월, 한국경영학회.
•• 1990년에 29.5퍼센트였던 4인 가구 비중은 2015년에는 18.8퍼센트로 떨어졌다.

늘며 가장 큰 폭으로 증가했다. SBS는 다음과 같이 보도하기도 했다. "1인 가구가 늘어나면서 전에 없던 새로운 유형의 상품도 쏟아져 나오고 있다. 불황 속에서 유독 1인 가구만 씀씀이를 줄이지 않아, 시장에서는 꼭 잡아야 하는 손님이 됐다."●

이런 1인 가구를 타깃으로 한 집은 어떠해야만 할까? 저성장 시대에는 한 명이 감당할 수 있는 임대료 수준은 한계가 있을 수밖에 없다. 그러니 집은 작아지고 또 작아질 수밖에 없다. 작은 집이지만 넓게 쓸 수 있는 방법은 없을까? 1인 가구의 트렌드는 바로 이런 질문을 던진다. 그리고 혁신가들은 그 질문에 답을 내놓고 있다.

2014년 5월, MIT 미디어랩의 '체인징 플레이스' 그룹은 '시티홈'이라는 프로젝트를 통해 1인 주거를 위해 '좁지만 넓게 느껴지는 방'을 내놓았다.●● MIT는 18.6제곱미터(5.6평,

**다양하게 변화해 필요한 공간을
만들어 주는 시티홈박스**
사진 출처: MIT 미디어랩 영상 캡처

● 《불황에도 돈 쓰는 사람들,
나홀로족을 잡아라》, SBS, 2016년
9월 4일, http://news.sbs.co.kr/news/
endPage.do?news_id=N1003767407
&plink=ORI&cooper=NAVER.
●● MIT Media Lab CityHome, http://
cp.media.mit.edu/places-of-living-
and-work/.
●●● 서울연구원, 《2040 서울의 미래공
간비전》(가제).
■ "Leasing Begins for New
York's First Micro-Apartments",
The New York Times, NOV 20, 2015,
http://www.nytimes.com/2015/11/
22/realestate/leasing-begins-for-
new-yorks-first-micro-apartments.
html?_r=0.

200제곱피트)라는 '어마어마하게' 작은 방을 제안했다. 그러면서 실제 면적보다 3배 더 크게 느낄 수 있게 했다고 소개했다. 방법은 단순하다. '시티홈 박스'라 이름 붙인 장롱 크기의 공간을 활용하는 것이다. 시티홈 박스 밑부분에는 침대를 숨겨 두었다가 필요할 때 자동으로 튀어나오게 하고, 같은 곳에서 책상이나 식탁이 '스윽' 미끄러져 나오게 하는 식이다. 책상보다 높은 위치의 공간은 옷과 같은 물건의 보관 장소로 쓰인다. 이뿐만이 아니다. 거실이 아닌 샤워실을 이용할 때는, 이 장롱 전체가 거실 쪽으로 미끄러져 움직여 반대쪽 샤워실의 샤워 공간을 확보해 준다. 물론 이렇게 '움직이는' 가구가 불편할 수도 있다. MIT는 그 문제를 해결하기 위해 '제스처 콘트롤' 기능을 넣었다. 손짓만 하면 필요한 기능으로 가구 배치를 쉽게 바꿀 수 있게 만든 것이다. 물론 이것은 지극히 이상적인 콘셉트에 그칠 수도 있다. 그러나 우리는 이를 통해 여러 가지 생각을 하게 된다. 과연 우리에게 필요한 공간은 어느 정도일까?

미국의 대도시 뉴욕에서는 2016년 초에 MIT 미디어랩의 실험을 현실화한 사례가 등장했다.●●● 2016년 초에 문을 연 카멜 플레이스■는 뉴욕 최초의 '마이크로-유닛' 아파트로 불린다. 2012년 뉴욕 시는 "룸메이트와 살고 싶어 하지 않는 '싱글 뉴요커'를 위한 안전하고, 합법적이고, 합리적인 가격의 아파트를 만들어 보라"는 공모를 냈다. 이 공모전의 선정작 카멜 플레이스는 260~360제곱피트(24.2~33.4제곱미터) 크기의 방 55개로 이루어진 아파트

시티홈박스
손짓만으로 침대를 꺼낼 수 있다. 사진 출처: MIT 미디어랩 영상 캡처

다. 뉴욕 시가 최소 주거 기준인 400제곱피트(37.2제곱미터, 11.2평)보다 더 작게 지을 수 있게 허용한 첫 아파트여서 '최초의 마이크로-유닛' 아파트라고 불린다. 물론 이전에도 400제곱피트가 되지 않는 아파트도 있긴 있었다. 부동산 회사 조너선 J. 밀러에 따르면, 뉴욕에 3000개 정도 있다. 그러나 대부분이 눈에 잘 띄지 않고, 몇몇은 호텔 등으로 바뀌었다.

이 작은 아파트는 큰 인기를 끌었다. '부담 가능한 적정 가격'으로 책정된 14채의 아파트에 6만여 명이 입주 지원을 했다. 아파트 한 채당 4300명이 지원한 셈이다. 임대료는 월 950달러(108만 원)다.

뉴욕 시가 임대료를 제한하는 이 14채 외의 아파트는 임대료가 훨씬 비싸다. 예컨대

2층의 355제곱피트(33제곱미터) 정도 크기의 아파트는 가구 등이 완비되어 있으면 월세가 2910달러(333만 3405원)에 달한다. 가구 등이 설치되어 있지 않은, 같은 층의 360제곱피트 아파트는 2750달러(160달러 할인) 수준이다.

임대료는 뉴욕의 평균적인 아파트 수준에 가깝다. 다만 면적을 비교해 보면 상당히 비싼 수준이라는 점을 알 수 있다. 맨해튼의 스튜디오급 아파트의 평균 크기인 550제곱피트(2015년 10월 기준●)의 중위(전체 분포 중 한가운데) 임대료가 월 2555달러(292만 원)다. 방의 크기는 3분의 2 수준인데, 임대료는 비슷한 셈이다.

그렇다면 작은 방의 크기를 어떻게 극복하려 했을까? 일단 층고가 높다. 2.7미터 정도의 높은 층고는 공간을 넓게 느끼게 해준다. 아울러 한쪽 벽면에 통으로 창을 만들어 외부로 활짝 열린 개방감을 느낄 수 있게 했다. 아울러 '올리'라는 공간 활용도가 높은 가구 시스템을 인테리어로 적용했다. 올리는 마치 MIT 미디어랩의 제안과 비슷하게, 소파를 침대로 쉽게 바꾸거나 작은 책상을 10명이 함께 식사할 수 있는 식탁으로 바꿔 이용할 수 있게 해 좁은 공간을 넓게 활용한 가구 시스템이다. 공간 활용도를 높일 수 있도록 공간의 '리프로그래밍'을 도와주는 가구 시스템이 등장했다는 것 자체에 주목해야 한다.

그뿐 아니라 아파트 주민들을 위한 공유 공간은 좁은 집의 단점을 보완한다. 헬스장과 라운지, 야외 마당이 바로 그것이다. 지하에 있는 라운지에는 당구대와 텔레비전이 있고, 8층의 라운지는 바베큐 파티를 위한 루프탑 데

● 부동산 자산 평가업체 더글러스 엘리먼, https://www.elliman.com/reports-and-guides/reports/new-york-city/october-2015-manhattan-brooklyn-and-queens-rentals/2-657.

좁은 공간을 넓게 쓸 수 있는 인테리어 솔루션
낮에는 소파와 거실로 사용하던 공간을 밤이 되면 침대로 바꿀 수 있다. 같은 공간을 두 배로 사용하는 셈이다.
사진 출처: 올리(http://www.ollie.co)

크로 꾸며졌다.

정리해 보면 1인 가구는 혼자 사는 것을 개의치 않지만, 그래도 좁은 공간에서만 답답하게 사는 데 염증을 느낄 수도 있다. 해법은 바로 함께 살기, 코리빙이다. 작은 집 여러 개를 모으는 식으로 임대료는 최대한 낮추되, 공유 공간을 바탕으로 '좁다'는 인식을 왜곡하는 설계가 곳곳에서 등장하고 있다. 저성장 시대와 1인 가구 시대가 결합하면서 등장하는 것이 결국 공유주택이라는 의미다.

세계 대도시 중 한 곳인 서울 역시 코리빙에 대한 관심이 굉장히 높다. 다만 한국에서는 코리빙이나 셰어하우스, 공유주택이 아니라 공동체주택이라는 이름을 쓰고 있어 조금 무겁게 느껴지기도 한다. 그러면서도 서울이라는 도시에서 사는 시민들이 갈구하는 바를 그대로 보여주는 측면이 있다. 2016년 12월 15일 서울시가 연 공동체주택 토크 콘서트에서 즉석으로 설문을 해본 결과도 비슷했다. 공동체주택에 관심을 갖고 찾아온 80여 명의 시민들은 공동체주택에 살고 싶은 이유로 '외로움 또는 소외감 해소(37명, 24퍼센트)'를 가장 크게 들었다. 2개까지 선택할 수 있도록 한 이 설문에서 시민들은 '다른 입주자와 함께 쓸 수 있는 공용 공간(35명, 23퍼센트)', '급할 때 도움 주고받기(35명, 23퍼센트)', '공동 경비 절감(30명, 20퍼센트)', '내가 원하는 방식으로 주거 공간 배치(14명, 9퍼센트)' 등의 순으로 선택했다.

나와 함께 토크 콘서트 패널로 앉아 결과를 본 건축가 박인수 씨는 옆자리에 앉은 내게 "예상치 못한 결과네요"라고 말하며 허허 웃었다. 우리는 공동체주택의 경비 절감 효과를 강조하고 있던 터였다. 세 가구가 모여 '행고재'라는 이름의 공동체주택을 짓고 사는 박준용 씨의 설명도 비슷했다.

"물론 애초부터 서로 잘 아는 사이이기도 했지만요. 처음에는 주거비를 줄여 보자는 생각을 많이 했던 것이 사실이에요. 그런데 막상 살아 보니까 얻는 게 있더라고요. 우리 가족 말고도 함께 살고 있는 든든한 이웃이 있다는 느낌. 그 느낌이 정말 대단히 커요. 생각지도 못했던 일이에요."

젊은이들이
도시로 몰려간다

최근 몇 년 동안, 이제 지리적 위치는 더 이상 아무것도 아니게 되었다. 우리는 물리적 위치가 갖는 한계를 극복했고, "세계는 평평해졌다"는 말까지 나왔다. 커뮤니케이션 기술과 교통망 덕분에 우리가 어디에서 살든, 어디에서 일하든 전혀 문제가 없는 세상이 되었다는 해석이 꽤 많았다. 그러나 세상은 그렇게 흘러가지 않고 있다. 오히려 반대로, 도시의 중심으로 향하는 집중 현상이 거세지고 있다.

그런 트렌드를 주도하는 것은 젊은이들이다.

젊은이들은 도시의 '중심'으로 몰려가고 있다. 앞서 언급했듯, 서울의 중심은 강남3구와 홍대 주변이다. 젊은이들의 도시 중심 선호 현상은 통계를 보면 쉽게 알 수 있다. 인구주택총조사 2005년과 2015년 자료를 비교해 30대 인구를 분석해 보면 확연히 드러난다. 20대를 빼고 30대 인구만으로 이야기를 푼 것은 한국적 특수성 때문이다. 국내에서는 30대에 들어서야 직장을 갖고 돈을 벌어 독립해 1인 가구로 나서는 경우가 많다. 그런 점에서 30대 인구가 밀레니얼의 특징을 가장 잘 드러낼 것이라고 보았다.

통계청 자료를 분석해 보면, 한국의 전체 인구(내국인)는 2005~2015년 10년 동안 4704만 1434명에서 4970만 5663명으로 5.7퍼센트 증가한 반면, 30대(30~39세) 인구는 820만 9067명에서 739만 4623명으로 9.9퍼센트 감소했다. 인구 고령화로 30대 인구는 전체적으로 감소하는 추세라는 이야기다.

서울 인구도 마찬가지다. 통계청에 따르면, 서울 전체 인구는 976만 2546명에서 956만 7196명으로 2퍼센트 감소했다. 30대 인구는 178만 3293명에서 159만 1560명으로 10.8퍼센트 감소했다. 서울 역시 30대 인구가 빠르게 줄고 있다. 그러나 서울이라고 해서 모든 곳이 다 똑같은 것은 아니다.

각 자치구별로 30대 인구의 변화상을 살펴보자. 용산구 -9.6퍼센트, 성동구 -23.9퍼센트, 광진구 -10.3퍼센트, 동대문구 -15.2퍼센트, 중랑구 -13.1퍼센트, 성북구 -16.3퍼센트, 강북구 -21.7퍼센트, 도봉구 -24.4퍼센트, 노원구 -26.6퍼센트, 은평구 -7.6퍼센트, 서대문구 -28.8퍼센트, 마포구 -8.9퍼센트, 양천구 -18.1퍼센트, 강서구 3.9퍼센트, 구로구 -3.8퍼센트, 금천구 -22.3퍼센트, 영등포구 -16.6퍼센트, 동작구 -7.2퍼센트, 관악구 -10.0퍼센트, 서초구 8.6퍼센트, 강남구 8.8퍼센트, 송파구 7.1퍼센트, 강동구 -2.6퍼센트다.

여기서 눈에 띄는 것은 바로 서초구와 강남구, 송파구 이른바 강남3구의 차별화된 모습이다. 이 강남3구에서만 30대 인구가 7퍼센트를 웃도는 상승률을 기록했다. 강남3구에 30대가 몰리고 있다는 의미다. 전체 트렌드를 거스를 정도다. 앞서 서울의 중심지에

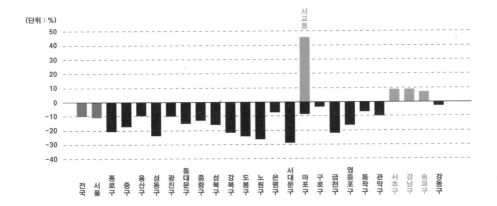

(단위 : %)

대해 언급했던 것과 같은 맥락이다. 그렇다면 홍대권역이라 볼 수 있는 마포구는 왜 '마이너스'를 기록했을까. 그 질문은 동 단위 분석에서 답이 나왔다. 마포구에서도 홍대 주변의 대표적인 지역인 서교동은 30대 인구가 늘었다. 그것도 어마어마한 증가율이다. 이 기간에 서교동의 30대 인구는 무려 45.7퍼센트 증가했다. 서교동은 전통 홍대 상권에 더해 상수동까지 포함하는 권역이다. 최근 2014년 이후 급격하게 변화하고 있는 연남동이나 망원동, 합정동 등은 2005~2015년이라는 기간의 한계 탓에 유의미한 결과를 찾을 수 없었다.

이는 비단 서울만의 이야기가 아니다. 이런 트렌드는 전 세계적으로 통용된다. 영국에서 활동하는 센터포시티스*라는 단체가 2015년 7월 내놓은 보고서인 〈도시의 인구통계: 사람들은 어디에서 살며 일하나〉**를 보면 그 점이 확연히 드러난다. 2001~2011년에 영국과 웨일스 지역의 도시 중심 인구는 2배가 되었고, 그중 22~29세만 따

2005~2015년 30~39세 인구증가율(%)

젊은이가 점점 줄어들고 있는 서울에서 강남, 서초, 송파 이른바 강남3구의 30대 인구는 최근 10년간 되려 증가했다. 홍대 지역에 해당하는 서교동 역시 급증했다.

자료 출처: 통계청

● 센터포시티스, http://www.centreforcities.org/about/.
●● "Urban demographics: Where do people live and work in England and Wales?", *Centre for Cities*, July 22, 2015, http://www.centreforcities.org/publication/urban-demographics/.

로 떼어 보면 3배가 되었다. 여기서 말하는 22~29세의 젊은이들은 매우 높은 수준의 교육을 받고 자란 1인 가구로, 높은 기술이 필요한 직업을 가지고 있다. 보고서는 이들을 '밀레니얼' 세대로 지칭한다.

2016년 초에 출간된 《도시 기업가의 등장》*에서는 '어번프리너'urban+entrepreneur의 등장을 강조한다. 어번프리너들은 도시의 중심지에서 살고 싶어한다. 도심지는 대중교통이 훌륭하고 문화적 혜택을 누릴 수 있는 어메니티amenity(문화적·역사적 가치가 있는 곳에서 느끼는 쾌적함, 또는 그 장소)가 충분히 많다. 맛있는 음식이 있는 식당이 곳곳에 있고, 밤에 놀 수 있는 문화도 존재한다.

이들은 이렇게 밀집한 동네에서 나타나는 문제를 해결하는 데 관심이 많다. 젊은이들의 고민은 에어비앤비나 우버 같은 다양한 공유 경제 서비스를 만들어 냈다. 자기가 가진 모든 자원을 나눠 쓰고 공유해야 비싼 도심의 삶을 유지할 수 있기 때문이다.

세계는 지금 '도시 르네상스'의 시대에 접어들었다. 도시 집중 현상은 특정 지역에 젊은이들을 모아 교류를 늘리고, 우연한 만남을 확대하는 등 도시적 장점을 최대화할 수 있다는 점에서 긍정적이다. 반면 그에 비례해 단점도 커질 수밖에 없다. 도시 중심지는 원래부터 지가가 높은 지역이다. 이곳의 땅값은 비싸고, 임대료 역시 그에 비례해 굉장히 높다. 이는 젊은이들의 거주 여건이 점점 더 열악해질 수밖에 없다는 것을 의미한다.

이런 상황에서 밀레니얼, 1인 가구, 어번프리너 등의 키워드는 우리로 하여금 하나의 방법론에 초점을 맞추게 한다. 그것이 바로 코리빙, 공유주택이다.

546명이 한 빌딩에 모여 살면 어떤 일이 벌어질까?

주거 공간을 공유하면 새로운 삶이 시작된다. 같은 관심사를 가진 타인과 네트워크를 이뤄 교류하며 경험을 공유하고 싶어 하는 젊은이들은 공유주택과 공동체주택이라는 새로운 주거 형태를 만들어 냈다.

국내에서도 2014년께부터 공유주택이 기하급수적으로 늘기 시작했다. 서울시가 집계한 공유주택의 숫자는 2008년 1채에 그쳤지만, 2011년 3채, 2012년 9채, 2013년 26채, 2014년 60채, 2015년 84채, 2016년 8월 86채로 빠르게 증가하고 있다. 대부분의 공유주택은 3~5가구가 한 건물 안에 모여 사는 형태다.

그러나 국내와 달리 영미권에서는 완전히 다른 규모의 공유주택이 등장하고 있다. 이들은 '규모의 경제'를 노린다. 영국의 '더컬렉티브'라는 회사가 내놓은 세계 최대의 공유주택인 '올드오크'는 무려 546개의 방이 있다. '넉넉한 품을 가진 오래된 참나무'라는 의미를 담은 이름의 이 공유주택은 2016년 5월 1일 런던의 서쪽 지역에 문을 연 뒤로 세계적으로 큰 화제를 일으키고 있다.

한국의 젊은이들이 서울을 좋아하는 것과 마찬가지로, 영국의 젊은이들은 대부분 런던 시내에서 살고 싶어 한다. 도시에 매력을 느끼는 것은 젊은이들의 특징이다. 밀레니얼로 지칭되는 이들은 경험과 사람들과의 교류를 삶의 최우선순위에 둔다. 좋은 도시는 사람들과의 교류를 촉진한다는 점에서 젊은이들은 도시에 끌릴 수밖에 없다.

올드오크는 이 점을 파고들었다. 546명을 한데 모아 놓으면 관심사가 같은 사람들을 손쉽게 연결해 줄 수 있다. 구성 단계에서부터 관심사가 같은 사람들을 모으지 않으

● Boyd Cohen et. al., *The Emergence of the Urban Entrepreneur: How the Growth of Cities and the Sharing Economy Are Driving a New Breed of Innovators*, 2016.

면 공유주택에서 살게 하기가 불가능한 한국의 사례와는 완전히 다르다. 한국에서 공유주택에 들어가려면 우선 먼저 경제적 능력이 충분해야 하고, 비슷한 경제석 능력이 있는 '동료'를 찾아야 한다. 그 동료 역시 공유주택에 살고 싶어 해야 하고, 서로 잘 맞아야 한다. 이 모든 것이 일치하는 사람을 찾기란 쉽지 않기 때문에 한국에서 공유주택에서 산다는 것은 쉽지 않다. 애초에 구성 자체가 되지 않으니 시작조차 하기 힘들다.

이와 달리 올드오크는 그 거대한 규모 덕에 입주 즉시 자신과 관심사가 비슷한 사람을 찾아낼 수 있다. 올드오크에 소속된 커뮤니티 매니저 세 명은 입주자들을 서로 소개해 주고 모임을 만들어 주거나 운영에 도움을 준다. 이들 매니저는 입주 심사 때부터 입주자들을 면접 보기 때문에 개개인에 대해 잘 안다. 모든 배경을 알고 있는 매니저들은 입주자가 각자 진행하는 커뮤니티 이벤트가 성공할 수 있도록 도와줄 수 있다.

올드오크는 입주자들에게 10제곱미터(3평) 크기의 아주 작은 방을 사적 공간으로 제공하는 한편, 나머지는 모두 공유 공간으로 제공한다. 입주자들은 세련된 도서관에서 책을 읽을 수 있고, 최신 유행을 담고 있는 식당 시설도 이용할 수 있다. 극장에서 영화를 보거나, 게임방에서 보드게임을 즐길 수도 있다. 체육관과 커뮤니티 라운지, 루프톱 정원 같은 아웃도어 공간도 있다.

이 모든 공간은 다른 입주자들과 함께 시간을 보낼 수 있는 공유 공간이다. 이런 주거 형태를 두고, 일부에서는 기숙사 같다고도 한다. 유럽의 기숙사들은 이런 식으로 꾸며져 있다. 그래서 영국 언론들은 올드오크에 대해 '성인을 위한 기숙사'라는 표현을 쓰기도 한다.

또 빼놓을 수 없는 것은 마치 호텔과도 같은 서비스가 제공된다는 점이다. 올드오크는 입주자들의 방을 청소해 주고, 침대보도 새로 빨아 정기적으로 교체해 준다. 더컬렉티브의 홍보 담당자인 스테퍼니 코넬Stephanie Cornell은 이에 대해 "입주자들이 시간을 아껴 자신이 사랑하는 일에 집중할 수 있도록 도와주기 위한 서비스"라고 설명했다.

사실 공유주택은 '공유'라는 방식으로 주거비를 대폭 내릴 수 있다는 데 초점을 맞춘다. 밀집한 도시에서 높은 주거비를 감당하며 삶을 유지하는 일은 너무나 어렵다. 런던은 특히나 심각한 도시다. 더컬렉티브의 레자 머천트 Reza Merchant 대표는 이런 현실에서 젊은이들이 합리적인 가격으로 도시에 살 수 있는 방법을 고민하다 올드오크를 내놓았다고 한다.

그러나 서울 사람 눈에는 그 임대료가 결코 싸지 않다. 일주일에 250파운드(36만 3000원)다. 물론 런던의 높은 임대료 수준을 생각하면 비싼 것은 아니라지만, 결코 싼 것도 아니라는 평가가 많다. 10제곱미터에 불과한 작은 방을 생각하면 더욱 비싸게 느껴지는 것도 사실이다. 이에 대해 코넬은 다음과 같이 말했다.

"방값은 물론 각종 전기·수도 요금, 와이파이, 경비, 방 청소 및 침대보 교체 서비스가 모두 포함된 가격입니다. 또 목욕탕(스파)과 헬스장, 극장, 다양한 취향의 식당, 게임방, 도서관, 시크릿 가든 등이 모두 포함되어 있어요. 입주자들은 대부분 공유 공간에서 머물길 원합니다. 사적인 공간도 중요하지만 공유 공간에 초점을 맞췄다는 점에 주목해 주세요."

코넬이 설명하는 이 모든 서비스는 젊은이들이 요구하는 점이기도 하다. 머천트는 영국의 온라인 부동산시장인 '플렌티픽Plentific'과 가진 인터뷰에서 다음과 같이 말했다.

"사람들은 점점 시작부터 끝까지 모든 것을 해결해 주는, 이른바 '포털'을 찾으려 합니다. 점점 더 편리한 것을 찾는 것이죠. 그러니 모든 서비스를 제공하고, 수준 높은 사회적 생활을 가능케 하는 편의 시설과 교류 공간이 필

스테퍼니 코넬
완전히 다른 규모의 공유주택을 선보인 더컬렉티브에서 홍보 업무를 담당하고 있다.

요하다고 여겼습니다. 부동산 가격이 너무 많이 올랐기 때문에 이제 젊은이들은 부동산을 소유하려 하지 않습니다. 이들은 물질을 소유하기보다는 경험에 투자하기를 훨씬 더 원합니다."●

도시는 사람이 모여 있기에 교류 가능성이 높은 공간이기도 하지만, 교류가 이루어지지 않으면 금세 외로운 공간으로 돌변한다. 집과 직장만을 오가는 삶을 사는 많은 이들에게 런던은 외로운 도시일 뿐이다. 입주자들은 그 문제를 해결하기 위해 올드오크의 문을 두드렸다. 코넬은 이렇게 말했다.

"'함께 살기'는 도시에 퍼지고 있는 외로움이라는 전염병의 해독제가 될 거예요. 요가부터 책읽기 모임, 패널 토론과 영화의 밤까지 우리 건물 안에서는 흥미롭고 다양한 프로그램이 항상 운영됩니다. 우리 입주자들은 단지 집을 빌린 게 아니에요. '라이프 스타일'을 빌린 것이죠."

이곳에는 이미 공무원, 그래픽 디자이너, 벤처 기업 직원, 발레 댄서 등 다양한 직업의 사람들이 모였다. 연령대는 18~52세로 다양하지만, 20대 중반부터 30대 중반까지의 젊은이들이 주를 이룬다. 현재 입주자들의 평균연령은 29세다. 올드오크 입주자인 타라스 콘테크Taras Kontek는 영국 매체《인디펜던트Independent》와 가진 인터뷰에서 이렇게 말했다. "커뮤니티 활동에 깊이 관여하고 있다는 느낌이 듭니다. 그런 걸 원치 않을 때는 나만의 작은 피난처에서 시간을 보내면 됩니다."

영국 런던정치경제대학London School of Economics and Political Science의 멀리사 페르난데스Melissa Fernandez 교수는 진짜 사회에서의 관계망과는 멀어진 채 작은 건물 안에서의 관계망만 추구한다는 점을 꼬집으며, 이 주거 서비스에 대해 "자본주의자들의 1회용 유토피아"라고 비판했다. 그는 "장기적인 정착을 육성해 더 큰 범위의 지역 커뮤니티에 도움을 줘야 하는데, 그런 점은 신경 쓰지 않는다"고 지적했다.

이에 대해 코넬은 다음과 같이 말했다. "우리 멤버(입주자)들에게는, 함께 살면서 얻는 가치가 결코 일시적이지 않습니다. 멤버들은 이곳에서 미래의 라이프 파트너와 비즈니스 파트너를 만날 수도 있고, 가장 친한 친구를 만날 수도 있어요. 이곳을 떠나더라

올드오크 외관
546명을 한데 모은 공유주택
올드오크는 '규모의 경제'라는 이점을
최대한 살려, 주거 편의 기능은 물론
사회적 교류의 공간으로서도 훌륭히
기능하고 있다.

도 그 인연은 계속 이어질 겁니다. 또 지역 사람들이 함
께 이용할 수 있는 이벤트 공간과 헬스장, 편의점 등이 있
어서 지역 커뮤니티와도 교류를 합니다."

공유주택 트렌드는 미국 뉴욕에서 시작되었다. 스타트
업 기업인 '퓨어하우스'나 '코먼' 같은 회사가 서른다섯
살 이하의 '밀레니얼'을 타깃으로 호텔 서비스가 가미된
공유주택을 내놓으며 인기를 끌었다. 공유 사무실 상품
으로 성공한 '위워크WeWork'는 2016년 4월 공유주택인
'위리브'를 내놓기도 했다. 영미권에서 이런 공유주택 트
렌드는 이미 대세인 듯하다. 2016년은 바로 그 분기점이

● "Interview With The Collective
Founder Reza Merchant", Plentic,
Oct 11, 2016, https://plentific.com/
news/interview-collective-founder-
reza-merchant-47/.

된 해다.

이런 방식의 공유주택은 주로 밀레니얼 세대를 겨냥하고 있기는 하지만, 실제로 확장될 공산이 크다. 예컨대 올드오크 같은 공유주택은 베이비붐 세대를 포함한 장년층에도 통할 가능성이 높다. 밀레니얼이나 장년층이 주거에 대해 원하는 것은 의외로 매우 비슷하다. 소속감을 느낄 수 있는 커뮤니티, 그 안에서 관심사가 비슷한 사람들과의 교류, 안전, 낮은 주거비 등은 당연히 양쪽 모두에서 원하는 가치다.

더욱이 현대사회는 '은퇴의 종말'이라는 표현까지도 가능한 시대다. 의사들은 소속된 병원에서 은퇴하면 개업의가 되고, 변호사들도 평생 동안 일을 한다. 기자는 은퇴하면 다른 곳에 취직하거나 온라인 뉴스 회사를 만들고, 기업인들도 자영업을 하거나 중소기업을 차리는 등 자기 사업을 펼치려 한다.

당신은 모든 세대와 경쟁하게 될 것이다. 당신의 경쟁자가 누적적으로 증가하고 있다. 이 세기말과 같은 현상은 곧 끝날 일이 아니다. 우리가 살고 있는 도시의 디폴트 값이 될 것이다. 아니, 그 시대에 이미 도달했다. 밀레니얼과 은퇴자들이 추구하는 가치는 점점 비슷해질 테고, 공간의 이용이라는 점으로만 한정해 보면 그것을 해결하는 좋은 방법이 바로 코리빙이라는 것은 굉장히 의미심장하다.

더컬렉티브는 거대 빌딩형 공유주택을 또다시 런던에 짓고 있다. 이는 올드오크의 실험이 성공했다는 것을 의미하는 동시에 본격적으로 코리빙의 시대에 접어들었다는 것을 의미한다. 이제 실험은 끝났다.

좁은 공간을 넓게
느끼게 하는 방법

"집에 온 걸 환영해!Welcome home!"

2016년 9월 30일 영국 런던 월섬애비Waltham Abbey에 있는 '올드오크'를 찾아갔더니,

올드오크 내부 모습

올드오크 입주자들은 세련된 도서관과 식당, 영화관, 게임방 등의 다양한 편의 시설과 교류 공간을 즐길 수 있다.

사진 출처: 더컬렉티브

1층 로비에는 이런 문구의 전광판이 불을 밝히고 있었다. 더컬렉티브가 운영 중인 이 건물에 정체성을 부여하는 것이 바로 이 전광판이다. 방문객을 맞이하는 카운터나 화려한 느낌의 공유 공간은 영락없는 호텔이지만, 이곳은 무려 546명이 사는 집이다.

이곳을 동행한 PLP아키텍처의 이현석 씨와 이진욱 씨는 올드오크 빌딩의 가장 큰 특징이 바로 1층의 공유 공간이라고 설명했다. PLP아키텍처는 이 빌딩을 설계한 런던의 건축설계 회사다. 런던 본사를 방문해 데이비드 레븐솔David Laventhol 대표와 안드레이 마틴Andrei Martin 수석디자이너의 파워포인트 설명을 들은 뒤 올드오크를 방문했다.

올드오크의 로비는 호텔 같은 분위기의 거대한 거실이었다. 이곳에서는 벨벳 소재의 소파에 앉아 편히 대화를 나누거나, 공용 테이블에서 노트북 컴퓨터를 꺼내 놓고 뭔가를 열심히 두드리는 젊은이들을 볼 수 있었다. 이 공유 공간은 건물 입구에 있기 때문에 모든 거주자들이 쉽게 모이고, 심지어 주변 지역 주민들과도 어울릴 수 있는 장소다. 2층 높이로 층고를 높게 만들어 실제보다 공간감이 더 크게 느껴지게 했다.

건물의 동쪽, 그랜드유니언 운하와 맞붙어 있는 곳에는 야외 파티를 벌일 수 있는 외부 공간이 마련되어 있다. 흐르는 하천을 바라보며 파티를 벌일 수 있는 공간이다. 이곳은 건물 한쪽을 띄워 만들어 냈다. 이 건물을 설계한 PLP아키텍처 측은 "공유 공간을 확보하기 위해 가장 중요한 곳의 용적률을 포기했다"고 설명했다. 개개인이 잠을 자고 사적인 시간을 보낼 수 있는 침실은 10제곱미터(3평) 크기로 매우 좁다. 그러나 그 좁은 공간이 좁지 않게 느껴지는 것은 바로 화려한 공유 공간 덕분이다. 이진욱 씨는 "(입주자들이 이 공간을 사용할 때 좀 더 넓게 느낄 수 있게 하기 위해) 게임룸이나 수영장, 사우나 등 새로운 느낌의 공유 공간을 집어넣자고 클라이언트(더컬렉티브) 쪽에 제안했다"고 설명했다. 공유 공간의 존재 자체가 작은 개인 공간의 한계를 보완하는 셈이다.

올드오크는 얼핏 보면 공유 공간이 많아 보이지만, 실제 비율을 보면 그렇지도 않다. 전체 연면적 1만 5900제곱미터(4800평)에서 개인 공간이 차지하는 비율은 71.8퍼센트에 달한다. 공유 공간의 화려한 이미지 때문에 전체 규모에 대한 인식에도 왜곡이 생기는 셈이다. 개인 공간이 늘어날수록 빌딩을 운영하는 데 들어가는 개개인의 비용을 줄일 수 있다. 공유주택의 건축과 그에 따른 셈법은 이런 식으로 활용된다.

다만, 개인 공간이 늘어서 있는 복도가 마치 호텔 객실의 복도처럼 차가운 느낌을 준다는 점은 단점이다. 이런 구조적 문제에 더해 인테리어 역시 어두운 회색 톤이 많아 우울한 느낌이 강했다. 이곳의 커뮤니티 매니저인 에드 토머스Ed Thomas는 "이런 점 때문에 '진짜 집' 같은 느낌이 덜해 아쉽다"고 말했다. 빌딩 소유자인 더컬렉티브는 자금 문제로 인테리어 비용을 최대한 줄이려 했다고 한다.

영국의 첫 공유주택 빌딩을 지은 PLP아키텍처는 실패 가능성도 염두에 두었다. 수요가 충분치 않아 건물이 제대로 사용되지 않을 경우 지역사회에도 악영향을 줄 수 있다. 이를 해결하기 위해 개인 공간은 모두 컨테이너 규격으로 모듈화했다. 공유주택 수요가 충분치 않을 경우 이 공간을 그대로 들어내거나 변경해 유연하게 대처할 수 있도록 한 것이다. 마틴은 이렇게 말했다. "호텔 등으로 언제든 쉽게 바꿀 수 있도록 설계 단계에서부터 조립·변경·분해가 쉬운 '프리패브(미리 공장에서 제조해 현장에서 조립하는 방식)' 공법 도입을 검토했습니다."

올드오크의 개인 공간

올드오크의 커뮤니티 매니저 에드 토머스가 올드오크의 방을 소개하며 매트리스를 들어 보이고 있다. 작은 방을 최대한 넓게 쓰기 위해 매트리스 밑에 수납함을 두거나, 실내에 거울을 많이 설치하는 식으로 인테리어를 했다.

우리는
'접근권'을 판다

미국 로스앤젤레스의 할리우드에서 2012년부터 운영 중인 팟셰어Pod Share는 가입하면 '파데스트리언'이라는 자격을 부여해 특정 기간 동안 팟셰어 '이용권access'을 준다. 엘비나 벡Elvina Beck 대표는 이에 대해 이렇게 설명한다.

"도시의 트렌드는 소유보다는 접근권을 강조하고 있습니다. 음악이 스트리밍 서비스로 바뀌고, 자동차는 공유되고, 음식을 잡지 구독하듯 배달받는 세상에서 우리는 이렇게 묻고 싶어요. 집이 꼭 누군가에게 소유되어야 한다는 고정관념은 버려도 되지 않을까요?"

팟셰어에서 침실을 뜻하는 '팟pod'을 이용하는 비용은 하룻밤에 40~50달러(4만 5000~5만 6000원)다. 이용권을 구매하면 미국 할리우드 등 세 곳의 팟셰어에서 숙박할 수 있다. 팟셰어의 침대에는 티브이도 설치되어 있고 짐도 보관할 수 있지만, 단 한 가지 없는 게 있다. 사적인 공간이다. 팟은 그저 침대일 뿐이며, 마치 완전히 개방된 거실에 덩그러니 침대 매트리스를 둔 것처럼 공유 공간을 향해 완전히 열려 있다. 아주 단순한 설계이지만, 의미는 강렬하다. 짧게 스치듯 지나가는 사람들과 '강제로' 밀도 높은 교류를 하도록 설계한 것이다. 그러나 당연한 얘기지만, 팟에서의 섹스는 금지된다.

엘비나 벡은 이렇게 설명한다. "《뉴사이언티스트New Scientist》에 따르면, 2050년에는 선진국 인구의 86퍼센트가 도시에 몰려 살게 될 거라고 합니다. 로스앤젤레스에 거주하는 사람들의 평균 임대료는 소득의 47퍼센트에 이르고요. 아주 좁은 공간을 효율적으로 이용하는 '마이크로 리빙'은 그 해법이 될 수도 있습니다. 석 달 동안 팟셰어를 이용하며 거주하는 사람들에 대해 생각해 보세요."

팟셰어에서 장기간 머무는 파데스트리언은 항상 사람들과 뒤섞일 수 있다. 여행객과 이제 막 그 도시로 이사 와 새 집을 찾고 있는 사람, 프리랜서, 잠시 그 도시에 머물며 일하고 있는 사람들의 교류는 파데스트리언의 사회문화적 지평을 넓힌다.

팟셰어
개개인의 침대를 뜻하는 '팟'에는
가림막 하나 존재하지 않아 서로가
강제적으로 교류할 수밖에 없다.
사진 출처: 팟셰어

사람들이 팟셰어를 찾는 것은 바로 새로운 경험 때문이다. 팟셰어의 공간 구조는 의도적으로 프라이버시를 제거하고 '섞임'을 최대화한 디자인으로 만들었다. 항상 서로를 볼 수 있게 팟이 배치되어 있고, 벽이 없다. 커튼도 없고, 숨은 공간도 찾아볼 수 없다. 교류하고 싶은 욕구는 있지만 처음 보는 사람에게 말을 건다는 일이 얼마나 어려운지를 아는 사람들은 차라리 이런 식으로 강제로 교류를 강화하는 방안을 선호한다. 팟에는 각각의 이름이 드러나게 쓰여 있다. 그 이름을 바탕으로 서로가 서로에게 친숙하게 접근할 수 있다. 그뿐 아니라 전 세계를 떠돌아다니는 노동자도 늘고 있다. 미래에 대해 예측하고 전망하는 업체인 IDC가 2012년 12월 공개한 보고서 〈이동성의 부상〉에서는 전 세계 이동노동자(고정된 사무실이 필요 없는 노동자)의 수는 2015년 말까지 13억 명에 달할 것으로 예측하기도 했다.*

이 사례를 보면 집의 개념을 다시 한 번 생각하게 된다. 우리는 이미 '집으로부터 벗어난 집'의 시대로 접어들기 시작한 것이 아닐까? 집은 꼭 한곳의 물리적 위치에 국한될 필요가 없다. 팟셰어에 3개월 묵고, 또 다른 곳으로 떠나 삶을 꾸려 가는 젊은이가 나오지 말라는 법은 없다. 《가디언The Guardian》은 뉴욕에서 3개의 짐가방만을 지니고 에어비앤비만을 전전하며 살고 있는 데이비드 로버츠David Roberts와 일레인 퀵Elaine Kuok 부부의 사연을 소개하기도 했다.**

다른 사람들과 교류하며 살아가려는 젊은이들의 욕구는 집을 '경험'을 위한 하나의 수단으로 여기게 될 가능성을 내포하고 있다. 끊임없이 새로운 사람들을 만나고 싶어 하는 이들을 두고 '인스턴트 네트워크'라고 비난하며 정이 사라진 시대에 대해 한탄할 지도 모르겠다. 그러나 이것을 새로운 표준이라고 생각하고 색안경을 벗어 보면 그리 이상하지 않을 수도 있다. 인간은 항상 새로운 것을 경험하기를 바라 왔다. 이번에는 단지 그 욕구가 주거에 관해 좀 더 빠르게 변화하고 확장된 것일 뿐이다.

한국에 진출한
공유 사무실

네트워크를 갈구하는 젊은이들에 대해 이야기를 하자면, 위워크라는 회사의 성공에 대해 말하지 않을 수 없다. 공유 사무실로 세계적인 인기를 끌고 있는 위워크는 2016년 8월 서울 강남 한복판에 문을 열었다. 강남역 6번 출구 바로 옆의 18층 빌딩에 무려 10개 층을 임대한 위워크는 인테리어를 마무리한 뒤 공유 사무실 사업을 시작했다.

위워크는 2010년 뉴욕 맨해튼에서 처음 사무실을 연 이후 빠르게 성장해 2015년을 기준으로 이용자 수, 직원 수, 건물 수, 진출 도시, 진출 국가가 모두 사업을 시작할 때에 견주어 2배로 늘어났다. 매출도 2배로 뛰었다. 2016년 11월 기준, 12개 국가 33개 도시에 진출했는데, 독일 베를린에 연 사무실이 100번째였다. 서울에도 2016년 8월에 문을 열어 3개월 만에 90퍼센트 가까운 점유율을 기록하고 있고, 2017년 3월에는 을지로에 세계에서 두 번째로 큰, 3000명이 들어갈 수 있는 사무실을 열었다.

위워크가 이렇게 승승장구할 수 있는 까닭은 무엇일까? 그 이유는 최근의 시대적 배경과 무관치 않다. 창업한 지 얼마 되지 않은 스타트업, 그리고 그 안에서 글로벌 시장을 노리는 젊은 '코즈모폴리턴'의 생리에 꼭 맞는다는 점이 첫 번째 이유다. 두 번째 이유는 저성장과 불확실성의 시대에 걸맞다는 점이다. 세 번째 이유로 강조하고 싶은 점은 바로 '임차인 시대'와의 연결성이다. 위워크는 비어 있는 건물이나, 임대료가 낮은 곳에 들어가 훌륭한 리프로그래머 구실을 한다. 위워크는 기존 사무실 공간을 이전과 완전히 다르게 리모델링해서 공간의 가치를 높인다. 앞서 쿠움파트너스의 사례와 함께, 리프로그래밍을 통해 수익을 창출하는 모습은 '임차인 시대'를 어떻게 활용하는지 보여주는 대표적 사례라고 할 수 있다.

세계 어디서나 접근 가능한 커뮤니티

영미권 독자들을 겨냥해 모바일로 웹소설 서비스를 제

● "The Rise of Mobility", IDC, http://infographics.idc.asia/mobility/Rise_of_mobility.asp.
●● "How we live now: inside the revolution in urban living", *The Guardian*, June 20, 2016, https://www.theguardian.com/cities/2016/jun/20/how-we-live-now-inside-revolution-urban-living.

공하는 플랫폼 업체인 래디시미디어의 이승윤 대표는 사업 때문에 영국과 미국에 나갈 일이 많다. 1년의 3분의 1에 이르는 시간을 해외에서 체류해야 한다. 그는 서울 강남점 위워크 입주에 만족감이 큰 듯했다.

"해외에 나갈 때마다 카페에서 일하다시피 해왔는데, 위워크에서 일하면서 생활이 바뀌었어요. 뉴욕 같은 곳에 가면 위워크 사무실이 많아서 어디에든 들어갈 수 있게 되었으니까요."

위워크의 멤버가 되면 세계 12개 국가, 33개 도시에 있는 100여 개의 위워크 사무실을 모두 공짜로 이용할 수 있다. 예컨대 강남 지점에 사무실을 가진 멤버는 뉴욕 맨해튼의 사무실도 이용할 수 있다. 물론 차이는 있다. 강남 지점에는 지정석을 가지고 있지만, 다른 지역의 사무실에서는 공유 공간만을 이용할 수 있다. 그럼에도 이런 점은 전혀 문제가 되지 않는 듯하다. 이곳을 이용하는 많은 업체들이 세계시장 진출을 노리고 있었다.

물리적 접근성에 그치지 않는다. 스마트폰 앱을 통해 위워크 멤버들은 전 세계와 연

위워크 강남점
위워크는 내벽을 최소화하고 유리벽을
채용해 이곳에 입점한 여러 회사들이
서로 교류할 수 있도록 하고 있다.

결된다. 페이스북과 비슷한 멤버 전용 플랫폼에 접속하면 각 입주사들의 소개도 볼 수 있고, 각자가 올린 글도 열람할 수 있다. 카카오톡처럼 다이렉트 메시지도 주고받을 수 있다. 이 같은 글로벌 커뮤니티의 구축은 다른 경쟁사가 결코 흉내 내기 어려운 대목이다. 왜냐하면 이미 위워크는 엄청난 규모의 경제를 이루고 있기 때문이다.

위워크 앱
멤버 전용 플랫폼에 접속하면 위워크
입주사들의 각종 정보를 열람할 수
있고, 카카오톡처럼 메시지를 주고받을
수도 있다.

위워크라는 공유 공간에서 서로가 서로를 고객으로 삼는 경우도 나타난다. 회계 컨설팅 업체인 크리에이티브 파트너스를 운영하는 김용현 씨는 이렇게 말했다. "위워크에서 일하는 모든 기업이 저희 고객이에요. 오픈된 공간에서 좀 더 자연스럽게 홍보할 수 있어서 위워크 입주를 선택했어요. 실제로 저희 구성원 가운데 업무량에 여유가 있는 직원이 있었는데, 마침 쇼핑몰 플랫폼을 만드는 업체와 상담을 하다 세금계산서 발행을 주기적으로 원하는 수요가 있다는 것을 알게 됐어요. 한 달에 5일 정도 그 회사에 파견해서 인적자원을 최대한 활용할 수 있게 되었죠. 클라이언트 입장에서도 최소의 비용으로 회계 업무를 해결할 수 있었고요."

위워크는 이렇게 한 공간 안에서의 교류를 위한 적정 규모에 대해 고민한다. 위워크 공간을 마련할 때 최소 면적 기준이라는 것을 가지고 있느냐는 질문에 위워크 공동 창업자인 미켈 매켈비Miguel McKelvey는 이렇게 설명했다. "면적보다는 커뮤니티의 적정 크기가 어느 수준인지에 대해 더 고민하고 있습니다. 뉴욕에서 처음 사업을 시작할 때는 400명의 멤버를 수용할 수 있는 면적으로 시작했어요. 서울 강남점에는 900~1000명 정도를 수용할 수 있게 했습니다. 저는 이 규모가 적정하다고 봅니다. 협업이 가능한 이상적 규모라는 겁니다. 우리는 계속 더 큰 규모도 시도하려 하고 있어요. 을지로점은 3000명의 멤버를 수용할 수 있는 대규모 시설(세계 두 번째 규모)이 될 거에요."

위워크의 사무실은 사면이 통유리로 되어 있다. 서로의 업무 모습을 자연스럽게 볼수 있어서 편하게 방문하고 교류하기 좋다는 평가도 많다. 언제든 커피와 맥주를 따라마실 수 있는 공유 부엌도 마련되어 있고, 그 앞에는 편안한 소파가 놓인 거실 같은 공간이 있어서 이리저리 다니다 서로 교류할 기회도 쉽게 만들 수 있다. 그뿐 아니라 커뮤니티 매니저가 있어 이벤트를 마련해 서로를 연결해 주는 역할도 한다. 동영상 제작을 돕는 플랫폼 업체인 쉐이커미디어의 이인우 디렉터는 "위워크에 입주하는 분들을 보면 글로벌 확장을 원하는 사람들이 많다"고 소개했다.

미국과 다른 문화를 가진, 어쩌면 매우 보수적이고 부끄러움이 많은 한국에서 이런 교류 문화가 통한다는 점은 의외일 수도 있다. 위워크 코리아의 김수진 씨 역시 처음에는 그 점을 우려했다고 한다. "가장 큰 걱정은 한국 사람들이 쑥스러워하는 면이 많다는 점이었어요. 그런데 강남점을 열고 나서 그 걱정이 사라졌어요. 오히려 네트워킹을 위한 파티를 해달라는 요청이 많았어요. 또 공간적 특성 때문인지, 일주일 정도 지나니 저희가 특별히 연결해 주지 않아도 서로 친해지더라고요."

**위워크 미겔 매켈비 공동설립자 겸
크리에이티브 책임자**
미국 오리건 대학교에서 건축학을
전공하고, 현재 위워크 실내 디자인
기획을 총괄하고 있다.

언제든 규모를 바꿀 수 있다

사업을 시작한 지 얼마 되지 않은 스타트업 입장에서는 인력 운영 규모를 짐작하기 어렵다. 처음에는 2명으로 시작했다가 3~4명으로 늘어날 수도 있고, 6명이 일하다가 1~2명이 줄어들 수도 있다. 보통의 경우처럼 사무실 계약을 하면 이런 상황이 발생할 때 손실이 지나치게 크다. 반면 위워크는 기본적으로 월 단위로 이용자 수에 기반해 임대료를 책정한다는 점이 다르다.

이승윤 대표도 이런 점을 높이 평가했다. "저희는 스타트업이라 항상 인원이 바뀔 수 있거든요. 갑자기 늘어날 수도, 줄어들 수도 있어요. 강남에서 강북 쪽으로 지역을 옮길 수도 있고요. 두세 명이 갑자기 늘어날 때 월별로 계약하니 편하더라고요."

불확실성의 시대에 이런 유연성은 정말 커다란 장점이다. 사업 규모에 따라 낭비 없이 확장하고 축소할 수 있는 공간이 있다는 것은 사업자에게는 엄청나게 유리한 점이다.

위워크는 미국에서 대성공을 거둔 뒤 위리브라는 코리빙 사업으로 확장했다. 위리브는 올드오크와 비슷한 규모, 비슷한 성격의 공유주택이다. 우리는 위워크와 위리브 같은 플랫폼 속에서 언제든 새로운 사람들과 만나고 대화하며 의지하는 삶을 꾸려 나갈 수 있게 된 것이다.

건축이 만드는
새로운 공유 공간

건축은 그 물리적 특징을 이용해 사람의 행동을 이끌어 낸다. 그런 점에서 코리빙 공간에서 교류를 이끄는 시도는 다양하게 이루어지고 있다. 올드오크가 화려한 공유 공간을 만들었던 것이나, 위워크의 사무실이 모두 통유리로 되어 있는 것처럼 말이다. 공유 공간 활용으로 공간을 절약해 경제적 이익을 얻는 것은 물론이고 교류를 확대하려는 시도는 전 세계에서 볼 수 있는 트렌드다.

2016년 여름 일본 도쿄에서 열린 '하우스비전 도쿄'의 주제가 바로 '코디비주얼: 분리하면서도 연결하고, 따로 또 함께하기Co-Dividual: Split and Connect/Separate and Come Together'였다. 유럽에서도 마찬가지다. 2016년 4월 이탈리아에서 열린 '밀라노 디자인 주간 2016'에서 자동차 회사인 베엠베BMW가 제안한 '미니리빙'이라는 콘셉트는 그중에서도 주목할 만했다.

특정 도시 공간으로 인구가 쏠리는 현상 때문에 임대료가 대폭 올라가면서 주거 비용이 높아지고 있다. 이 때문에 남들과 공간을 공유해 그 비용을 나누자는 취지로 시작된 공유주택은 도시화가 거세지는 과정에서 다양한 형태로 등장하며 새로운 흐름을 만들어 내고 있다.

그런데 이런 것을 요구하는 사람들의 마음속에는 다양한 욕구가 있다. 그 욕구를 한 공간에 다 담기는 어렵다. 특히나 사생활 보호와 이웃과의 적극적 교류를 한 공간에 담아내기는 무척이나 어렵다. 미니리빙은 이 문제에 대한 답을 내놓았다. 자동차 회사가 왜 주거에 뛰어들었느냐는 질문에 베엠베는 이렇게 답했다.

"우리는 항상 도시에서 공간을 창의적으로 사용할 방법을 고민해 왔습니다. 자동차 '미니'도 바로 그 질문에서 나온 답입니다. 도시에는 매력적이면서도 가격이 적당한 집이 부족하다는 점에 착안해 미니 리빙을 제안했습니다."

베엠베의 미니 리빙 프로젝트 건축디자인 부문에 참여한 일본의 건축디자인 업체 온

디자인ondesign은 가장 개인적이면서도 개성이 드러나는 공간인 선반을 보고 아이디어를 떠올렸다. "개인이 꾸민 선반에는 각자의 라이프 스타일이 담겨 있습니다. 그 선반을 공유하면 어떨까요?" 그리고 그 아이디어는 곧바로 공유주택의 한 형태로 진화했다.

온디자인 쪽의 설명은 이렇다. "개인의 취향이 담긴 선반을 다른 사람들과 공유한다면 공유 공간을 더욱 즐겁게 활용할 수 있지 않을까요?"

그 말처럼 우리는 친구 집에 놀러 가면, 그 친구가 선반을 어떻게 꾸미고 있는지에 관심을 둔다. 어떤 책이 꽂혀 있는지, 어떤 그릇을 전시해 두었는지를 보면서 저절로 친구의 관심사에 대해 알게 되고, 그것은 서로 간에 더 깊은 교류를 할 수 있는 토대로 쌓인다.

미니 리빙 개념은 30제곱미터(9평)의 개인 공간을 기본으로 한다. 이 방에는 바깥으로 접히는 선반 '유닛'이 여럿 달려 있다. 여기서 유닛이란 부엌이나 서재 등의 기능을 담은 채 바깥쪽으로 회전할 수 있도록 만든 벽체의 일부를 의미한다. 유닛을 바깥의 공유 공간 쪽으로 회전시키면 그대로 사생활이 이웃에 공개되어 더 내밀한 교류를 꾀할 수 있다.

미니 리빙은 기본적으로 3개 이상의 개인 공간이 모여야 완성된다. 3개의 방과 공유 공간이 모두 모인 공간은 아파트 내부의 실내 공간일 수도 있고, 정원과 같은 실외 공간일 수도 있다. 개인 공간의 벽체는 유닛화되어 공유 공간 쪽으로 회전시켜 열 수 있다. 부엌, 서재, 오디오 시스템 같은 각각의 유닛은 바깥쪽 공유 공간으로 열리면서 개방되어 방의 내부 공간과 외부 공간을 연결한다. 유닛을 열면 이웃을 집 안으로 초대한 것과 비슷한 효과를 거둘 수 있다. 자신의 삶을, 문자 그대로 활짝 열어 교류할 수 있다.

예컨대 한 방에서는 부엌 유닛을, 다른 방에서는 오디오 시스템을 공유 공간 쪽으로 활짝 연다면 함께 음악을 들으면서 식사를 하고 파티를 할 수 있다. 여기서 중요한 점은 부엌을 공유한 사람의 경우 자신만의 조리 도구를 이용해 평소에 즐기던 요리를 쉽게 대접할 수 있고, 오디오 시스템을 공유한 쪽에서는 자신이 좋아하는 음악을 틀어 서로의 취향에 관해 이야기를 나눌 수 있다는 사실이다.

보통 공유주택은 사적 공간과 공유 공간이 '독립형'으로 완전히 분리되어 있다. 이 두 공간을 적절히 섞어 '하이브리드'형으로 이용할 수 있다는 점은 미니 리빙만의 특징이다. 가장 개인적이면서도 개성을 그대로 드러내는 요소를 이웃에 활짝 드러내 보여준다는 것은 교류의 강도를 확연히 높인다. 특히 원하는 때 원하는 정도만 공유할 수 있다는 점은 미니 리빙의 큰 장점이다.

온디자인은 미니 리빙을 사용하는 시나리오를 하나 소개했다. "① 오후 2시입니다. 일부 선반을 열고 이웃들에게 인사를 합니다. 서재를 열어 이웃들과 함께 일을 합니다. ② 저녁 8시가 되었습니다. 그와 이웃들은 모든 유닛을 전부 열었습니다. 파티가 시작됩니다. 한쪽에서는 요리를 하고, 한쪽에서는 음악 공연이 펼쳐집니다. 서로의 유닛을 활용하니 공유 공간의 사용을 극대화할 수 있습니다. ③ 밤 11시는 잠자는 시간입니다. (미니 리빙에 거주하는) 그는 모든 유닛을 닫고 사적인 시간을 즐깁니다."

온디자인 쪽은 이렇게 설명했다. "우리는 다양한 라이프 스타일을 유연하게 받아들여 사용자들에게 자극을 주고 아이디어를 떠올릴 수 있게 하는 콘셉트를 만들려 했습니다. 그런 콘셉트를 '선반'을 통해 표현하려 했죠."

이를 본격적으로 실용화하는 데는 한계가 있다. 전문가들에게 물어보니, 회전하는 유닛을 만드는 데 드는 비용이 클 것으로 예상된다. 그 탓에 임대료가 만만치 않을 가능성이 높다. 온디자인 역시 이렇게 설명했다. "임대료는 조금 비쌀지도 모르지만, 우리가 생각한 타깃은 도시에 사는 젊고 창조적인 독신자들이에요." 개인 공간을 위한 작은 유닛 3개 이상을 한꺼번에 수용하려면 큰 아파트나 토지가 필요하다는 점도 한계다. 다만 1~2인 가구가 늘어나면서 국내에서 수요가 줄어든 40평대 이상의 아파트를 활용하는 방법이 없지는 않아 비현실적인 아이디어라고 폄훼할 필요는 없어 보인다. 아울러 공유라는 삶의 모습을 만드는 데 건축디자인이 어떻게 영향을 줄 수 있느냐는 아이디어를 제시한다는 점에서도 의미가 크다.

다음은 온디자인과 주고받은 인터뷰 내용이다.

일본의 건축디자인 업체 온디자인의 '미니 리빙' 아이디어 스케치

각각의 방에서 오디오 유닛과 찬장 등을 개방해 공유 공간을 적극적으로 즐길 수 있다. 그림 출차: 온디자인

미니 리빙 콘셉트를 떠올리게 된 계기가 있습니까?

"라이프 스타일 잡지에 나온 '수납 특집'을 보고 떠올랐어요. 현재 일본에서는 라이프 스타일에 대한 흥미와 관심이 굉장히 큽니다. 미디어에서도 라이프 스타일에 대해 많이 거론하고 있지요. 여러 분야의 프로페셔널들이 해놓은 수납을 보니, 각자의 개성이 드러났습니다. 또 선반이야말로 개인의 라이프 스타일을 그대로 보여주는 것이라고 여겼지요. 그 선반이 바깥 쪽으로 열리면, 자신의 취미를 모두 사람들에게 보여주어 공유 공간을 더 즐겁게 이용할 수 있을 거라고 생각한 것이 이

**BMW가 2016년 4월 이탈리아
밀라노 '디자인 주간 2016'에서 공개한
미니 리빙 콘셉트**
사진 출차: BMW

제안의 첫 발상입니다."

미니 리빙은 굉장히 적극적인 형태의 공유주택 개념인 것 같습니다. 일반적인 공유주택은 개인 공간과 공유 공간이 완전히 구분되어 있잖아요. 개인 공간의 프라이버시를 굉장히 중요시하기도 하고요.

"우리의 초점은 공유 공간을 갖는 집에 자동차 브랜드 '미니'가 가진 콘셉트를 얼마나 잘 집어넣느냐에 있었습니다. 미니는 유연하게 다양한 라이프 스타일을 받아들이고, 창조적인 사용법이나 아이디어를 유발한다는 개념이라고 보았습니다. 그 콘셉트를 '선반'으로 표현했고, 그것을 공유 공간에 적용했습니다."

미니 리빙의 장점은 뭐가 있을까요?

"선반은 여러 종류에 모두 적용할 수 있습니다. 그런 점에서 어떤 선반을 회전되게 할 것이냐는 자신의 라이프 스타일에 맞게 만들 수 있습니다. 미니 리빙은 라이프 스타일, 취미, 일에 맞춰 자신의 생활을 더 쉽게 즐길 수 있는 장치라고 생각합니다."

실질적으로 한 건물에 미니 리빙 콘셉트가 적용된 방이 몇 개나 들어갈 수 있을 것이라고 생각하나요?

"사실 이번 콘셉트는 단지 하나의 제안일 뿐이었기 때문에 실제 적용 여부는 고민하지 않고 추진했습니다. 다만, 어떤 곳에든 이 콘셉트를 적용하기는 어렵지 않을 것이라고 생각합니다. 아파트 하나에도 방을 이런 식으로 꾸밀 수 있는 것이죠. 어떤 크기에도 적용할 수 있는 유연성이 있다고 생각합니다."

이런 구조를 설치하려면 비용이 많이 들 것 같습니다.

"우리는 비용에 대해서는 전혀 고려하지 않았습니다. 가격은 사용 소재에 따라 달라지겠지만, 이 콘셉트를 적용한 시제품을 만들 때는 미니 브랜드의 이미지를 깨지 않도록 세세하게 신경 써 만들었습니다. 다만, 우리가 생각한 타깃은 도시에 사는 젊고 창조적인 독신자였기 때문에 실제로 적용할 때 비용은 조금 비쌀지도 모르겠습니다."

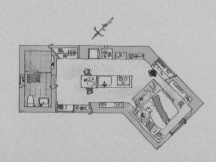

도시의 중심지, 젊은이들이 몰려가는 곳은 밀도가 높아진다. 높은 밀도는 도시의 장점을 강하게 드러낸다. 하버드 대학교의 에드워드 글레이저Edward Glaeser 교수는 유명한 저서 《도시의 승리Triumph of the City》에서 도시의 강점에 대해 이렇게 설명했다. "도시는 오랫동안 한 가지 똑똑한 아이디어가 다른 똑똑한 아이디어들을 생산하는 지적 폭발을 창조했다." 우연한 만남, 그리고 계획된 교류 등을 촉진하는 것이 도시의, 아니 더 구체적으로 말하면 '걷기 좋은 도시'의 가장 큰 장점이다.

테크놀로지는 이 트렌드를 더욱 강화한다. 인터넷은 인간들 사이의 교류를 이끄는 도시의 장점을 순식간에 가장 높은 단계로까지 끌고 올라간다. 이미 우리에게는 전 세계 인구를 한데 모아 연결해 주는 인터넷과 PC가 있었다. 쉽게 말해 우리는 관심 있는 분야에 대해 인터넷에서 검색하면 관련 지식을 찾아볼 수 있을 뿐 아니라, 그것에 대해 이야기를 나눌 수 있는 사람도 찾을 수 있다. 운이 좋다면 그들과 대화할 수 있는 모임에도 찾아갈 수 있다. 페이스북이나 트위터는 이미 그런 기능을 하고 있다. 여기에 스마트폰이 등장해 엄청난 컴퓨팅 파워가 손안에 들어왔다. 우리는 걸어 다니면서도 인터넷에 접속할 수 있는 '모바일 인류'로 진화한 것이다.

그뿐 아니라 모든 사물의 상태를 실시간으로 인터넷으로 보여주는 '사물인터넷 Internet of Things, IoT'은 교류의 분야를 대폭 확장했다. 집, 자동차, 옷 등의 상태를 인터넷에 올려 걸어 다니는 사람이 스마트폰을 이용해 실시간으로 검색할 수 있다는 사실은 우리가 필요로 하는 것을 사람들과의 네트워크를 통해 해결할 수 있다는 것을 뜻한다.

내가 쓰던 집이 잠시 비었을 때 그 상태를 인터넷에 올린다면, 그것은 이른바 '사물인터넷'처럼 기능하게 되어 무수히 많은 타인의 수요에 대응할 수 있게 된다. 이것이 바로 에어비앤비의 개념이다. 우버 같은 차량 공유 서비스도 마찬가지다. 모든 물건을 그것을 소유한 사람들과의 네트워크를 이용해 가장 효율적으로 쓸 수 있는 방법이 바로 공유경제다. 그것을 가능케 한 것은 역시 스마트폰이다. 도시를 거닐다 손 안의 인터넷을 이용해 그 장소, 그 시점에 가장 필요한 것을 한 번에 찾아내는 것은 스마트폰과 사물인터넷의 결합이 아니면 불가능한 일이다. 더욱이 이것이 가능하려면 도시의 높은 밀도가 필수적이다. 그래야 규모의 경제가 창출되기 때문이다. 잠시 쉬고 있는 자동차를 빌리려 할 때, 그 빌릴 수 있는 대상이 10명인 것과 10만 명인 것은 성공 확률에서 1만 배 이상 차이 날 수밖에 없다. 도시 집중 현상과 만인의 손에 쥐어진 스마트폰이 바로 공유경제와 제4차 산업혁명 같은 새로운 변화를 이끌어 낸 가장 중요한 도구다.

젠트리피케이션이라는 현상은 도시재생과 코리빙 같은 트렌드를 만들어 내기도 했지만, 도시 집중 현상과 떼어 볼 수 없다는 점에서 필연적으로 공유경제와 깊은 연관을 갖는다. 이어 공유경제는 테크놀로지와 결합되면서 새로운 도시의 모습을 만들어 낸다. 공유경제와 테크놀로지가 만나며 만들어 낸 새로운 상품이 바로 공유 자율주행차다. 인간의 소유물을 서로 나눠 쓰는 과정에서 인간의 개입이 최소화되고, 아예 인간의 노동이 완전히 배제되는 상황이 벌어지게 되는 셈이다. 우리는 그야말로 새로운 도시 생태계에 진입할 수밖에 없다.

새로운 디지털 기술은 전 세계 인구가 가진 연간 1조 시간의 여가 시간을 모을 수 있게 해주었다. 클레이 셔키Clay Shirky는 《많아지면 달라진다Cognitive Surplus》에서 수많은 사람이 가진 여가 시간의 총량을 '인지잉여Cognitive Surplus'라는 개념으로 설명했다. 그는 이 자원을 제대로 이용하는 방법을 배우면 사회와 일상생활이 극적으로 변할 수 있다고 강조했다. 여기서 소개하는 테크놀로지는 모두 인지잉여를 모으는 창의적인 방법이다. 이를 통해 우리는 새로운 도시의 문을 열고 있다.

새로운
시공간 사용법

요즘 노량진 수산시장을 가보면 중국 말을 많이 들을 수 있다. 배낭을 멘 중국인 관광객이 등장하면, 상인들은 돌연 중국 말을 쏟아 내기 시작한다. 자신을 중국 동포라 소개한 가게 종업원 김춘자 씨에게 어떤 말을 했는지 물어보았다. "성게를 찾길래 지금은 철이 아니라고 설명해 줬어요. 다른 걸 먹으라고 하면서, 여기에서 사면 싸고 식당으로 바로 안내도 해줄 수 있다고 얘기했죠."

또 다른 중국인 관광객은 구입한 킹크랩을 양손에 들고 스마트폰으로 기념사진을 찍고 있었다. 노량진 수산시장에서 흔히 볼 수 있는 풍경이다. 상인들의 말을 종합하면 2013년 말께부터 중국인 관광객이 늘기 시작했다. 이들의 방문은 노량진 수산시장의 매출 흐름까지 바꿔 놓았다. 시장에서 횟감을 산 고객들을 상대로 요리를 해주는 식당 관리인 유연자 씨는 이렇게 설명했다. "경기가 좋지 않아 손님이 줄어드는 추세였는데, 중국인 관광객이 찾아오면서 형편이 나아졌습니다. 중국인 손님 덕분에 전체적으로 손님이 더는 줄지 않고 있어요."

특이한 것은 명동 등의 서울 도심 풍경과 달리, 이곳에는 관광버스를 타고 한꺼번에 오는 단체 손님보다 가족이나 친구들끼리 삼삼오오 놀러온 관광객이 많다는 점이다. 소규모 관광객이지만 전체 규모는 무시할 수 없는 수준이다.

여행사 가이드가 이끌지도 않았는데, 개별적으로 여행하는 이들이 이곳에 모이게 된

까닭은 무엇일까? 이들은 어떻게 이곳을 찾았을까? 중국 동포인 상인 김 씨와 나눈 대화에서 실마리를 찾을 수 있었다. 그는 이렇게 말했다. "한번 왔다 간 관광객이랑 카카오톡을 하며 한국에 오게 될 사람들을 소개받습니다."

대만에서 왔다는 류위진은 이렇게 말했다. "이곳은 중국에서 서울에 가면 꼭 찾아야 할 관광 코스로 알려져 있어요. 인터넷에서 검색하면 나와요." 홍콩에서 온 샘과 중국인 리위자도 이곳이 등장한 예능 프로그램을 포스팅한 '블로그'를 언급했다.

인터넷에 담긴 정보는 손안의 인터넷을 통해 실시간으로 검색할 수 있게 되었다. 비록 언어가 통하지 않는 중국인이지만, 배낭을 메고 스마트폰으로 검색하면 노량진 수산시장에 대한 접근 가능한 정보가 쏟아져 나온다.

인터넷을 활용한 '핫플레이스(뜨는 장소)' 방문은 국내에서 수년 전부터 꾸준히 이어져 온 트렌드다. 예컨대 서울 이태원의 '헬카페'는 이태원역에서 10분 가까이 걸어야 도착하는 외진 곳에 있다. 그러나 인터넷 입소문과, 실시간으로 검색해 얼마든지 찾아갈 수 있도록 도와주는 스마트폰의 존재 덕분에 물리적 위치의 한계를 훌쩍 뛰어넘었다 (물론 앞서 언급했듯이 중심지에서 완전히 벗어난 곳이 성공하긴 힘들다).

요즘 도시인들은 맛집 블로그에 들어가 검색한 뒤, 스마트폰에 설치된 지도 앱을 따라 '스마트하게' 숨은 맛집을 정확하게 찾아간다. 그래서 '숨은 골목'이 더 이상 숨어 있지 않고 '뜨는 명소'로 재탄생할 수 있다.● 홍대가 상수동과 연남동으로, 가로수길이 가로수길 뒤쪽 세로수길로 빠르게 확장될 수 있었던 밑바탕에 스마트폰이 자리 잡고 있다. 노량진 수산시장에 등장한 중국인들의 풍경은 이런 현상이 국경을 넘어 벌어지고 있다는 점을 보여준다.

스마트폰이 만드는 도시는 단순히 사람들의 공간적 이동 패턴에만 영향을 주고받는 것이 아니다. 최근 등장하는 각종 공유경제 서비스 역시 대다수 도시인이 스마트폰을 들고 다니고, IoT 시대가 열리면서 시작되었다. 쉬는 자가용에 대한 실시간 정보를 이용해 사실상의 택시 영업을 하는 '우버블랙'이나, 개인 집의 빈방 정보를 알려 주어 여행객들이 이용할 수 있게 해주는 '에어비앤비' 등이 대표적이다.

노량진에서 쉽게 찾아볼 수 있는 중국인 관광객
이들은 스마트폰으로 사진을 찍어 블로그 등에 올려 정보를 공유한다. 그 정보는
일종의 '게이트'가 되어 또 다른 관광객을 이끈다.

공유경제의 등장을 일찌감치 예상한 책《위 제너레이션》의 공저자 레이철 보츠먼은 이렇게 말했다. "모바일 기술은 수백만 명의 자원 공급자와 수요자를 연결해 주었다."[●●] 개인과 개인은 물론 사물까지 인터넷으로 서로 연결된 '초연결 사회'가 되면서 도시에서 새로운 현상이 나타나고 있는 것이다. 도시는 평평해졌다. 자, 그럼 또 어떤 일이 벌어질까?

손안의 컴퓨터로 모두가 연결된 초연결 사회에서 공유경제의 등장은 필연적이다. 미래학자 제러미 리프킨Jeremy Rifkin은《한계비용 제로 사회The Zero Marginal Cost Society》에서 공유경제의 도래에 대해 설명했다. 한계비용이란 생산량을 증가시키는 데 필요한 생산비의 증가분이다. 최소 자원을 이용하여 최소 비용으로 생산해, 다시

● 광고회사인 제일기획의 빅데이터 분석 전문 조직인 DnA센터가 2014년 하반기 6개월 동안 디지털 패널 3200명이 입력한 서울 시내 '핫플레이스' 관련 검색어 25만 8000여 건을 분석한 결과, 홍대(29.8퍼센트), 강남역(12.9퍼센트), 신촌(11.8퍼센트), 이태원(10.3퍼센트), 가로수길(4.8퍼센트), 삼청동(2.8퍼센트) 등이 높게 나타났다. 서울시의 도움을 받아 조사해 본 서울 대표 상권 15곳의 전철역과 버스정류장 승하차 인원 빅데이터 분석 결과도 이와 비슷하다. 홍대와 이태원, 강남역, 가로수길 등에서 매년 방문객이 늘고 있다. 인터넷 검색은 소비자의 욕구와 욕망이 구체화되는 시발점이다. 그뿐 아니라 홍대, 강남역, 신촌, 이태원 등 주요 상권에서 시작한 장소 검색은 인근의 골목길로 확장되었다. 홍대에서 시작한 검색은 상수동과 연남동으로, 상수동은 다시 당인리발전소 뒷골목으로 이어지고, 연남동은 동진시장 골목으로 연결되는 식이다. 누리꾼들은 이태원을 검색한 뒤에는 경리단길에 이어 장진우골목이나 해방촌길을 찾았다.

●●《위 제너레이션: 다음 10년을 지배할 머니 코드》, 레이철 보츠먼·루 로저스, 이은진 옮김, 2011년, 모멘텀.

최소 비용으로 재분배하는 시스템이 바로 공유경제다. 여기서는 생산과 유통에 돈이 들지 않는다. 인터넷이 발달하고, 사물인터넷이 등장하면서 바로 이런 '한계비용 제로 사회'가 등장하게 되었다. 실시간 수요에 맞춰 바로 공급해 주는 '온디맨드on demand' 경제가 등장한 것이다. 바로 공유경제 플랫폼을 통해서 말이다.

에어비앤비는
어떻게 성공했나?

이제는 300억 달러 규모의 글로벌 회사로 성장한 에어비앤비의 시작은 아주 단순했다. 에어비앤비의 세 공동창업자 가운데 조 게비아Joe Gebbia와 브라이언 체스키Brian Chesky는 룸메이트였다. 샌프란시스코 도심에 살던 이들은 임대료에 허덕이고 있었다. 그러던 어느 날, 조가 브라이언에게 다음과 같은 내용의 이메일을 보냈다. "내가 돈을 좀 벌 수 있는 방법을 생각해 봤어. 우리가 사는 집에 침실을 꾸미고 아침 식사를 제공해 손님을 받으면 어떨까? 도심에 오는 젊은 디자이너들을 위해 방을 내주는 거지. 4일 동안 이벤트로 말이야. 무선 인터넷이랑 작은 책상 공간, 침대 매트, 아침 식사 정도를 제공하고. 하하!" 2007년 9월 22일의 일이었다.

조가 이런 제안을 한 것은 그때 샌프란시스코에서 대형 디자인 콘퍼런스가 열렸기 때문이다. 사람들이 몰려 호텔을 구하기 힘들면 자연스레 다른 선택지를 찾게 된다는 계산이었다. 이 둘은 곧바로 이 계획을 실행에 옮겼다. 3개의 공기침대air bed를 구입해 자신들이 살고 있는 집에 배치했다. 그리고 웹사이트를 만들었다. 이름은 조가 제안한 그대로였다. 에어베드 앤드 브렉퍼스트 닷컴airbedandbreakfast.com. 둘은 미국의 명문 예술학교인 로드아일랜드 디자인 스쿨RISD 출신으로, 샌프란시스코를 방문한 디자이너들에게 동네 여행 가이드를 해주면 서로 재미난 대화를 하고 돈도 벌 수 있을 것이라고 생각했다.

드디어 첫 방문자가 등장했다. 남자 둘과 여자 하나였다. 이들은 각각 공기침대를 이용하기 위해 80달러(9만 4000원)를 지불했다. 첫 수입이었고, 그들은 이것이 아주 훌륭한 사업 아이디어였다는 것을 깨달았다.

자, 여기서 첫 번째 핵심 요소를 보자. 에어비앤비의 시작은 웹사이트다. 누구나 접근 가능한 웹이라는 공간이 없었다면, 외부에서 찾아와 잠시 머물 공간이 필요한 이들이 찾아내기란 거의 불가능에 가까웠을 것이다. 게다가 각자의 손에 쥐어진 스마트폰이라는 컴퓨터는 에어비앤비의 시장 진입을 가능케 한 결정적 도구다. 스마트폰 시대는 누구든 실시간으로 웹에 접속할 수 있다는 것을 의미한다. 각자 보유한 집의 상태, 즉 사용 중인지 아니면 비어 있는지도 실시간으로 알 수 있다. 이것이 바로 IoT의 개념이다. 에어비앤비는 스마트폰과 IoT를 기반으로 한 실시간 수요 대응 시스템, 즉 온디맨드 환경에서 태어난 서비스다.

스마트폰 기반의 플랫폼 서비스에서는 시장에 처음 진입한 사업자의 위치가 독보적일 수밖에 없다. 가장 먼저 시작했으니, 그만큼 규모가 크기 때문이다. 호스트 네트워크를 가장 많이 확보한 플랫폼 서비스가 다른 경쟁자에 견주어 더 막강한 시장 지배력을 갖는 것은 이 상품의 성격상 당연한 일이다. 네트워크의 크기가 상품의 질과 직결되기 때문이다. 호스트가 많아 고를 수 있는 집이 많으면 많을수록 그 플랫폼의 경쟁력이 높아진다. 에어비앤비의 가장 큰 성공 요인은 이 같은 사업 아이템을 남들

에어비앤비 공동대표
브라이언 체스키, 조 게비아,
네이선 블레차르지크
사진 출처: 에어비앤비

에어비앤비 사옥 내부 전경

사진 출처: 에어비앤비

보다 빠르게 시장에 정착시켰다는 점이다.

에어비앤비는 공유경제 플랫폼 가운데 집을 공유하는 대표적인 비즈니스 모델로 자리를 잡았다. 2007년 사업을 시작한 에어비앤비의 기업가치는 2016년 11월 현재 300억 달러를 넘어섰다. 이는 세계 최대 호텔 체인인 힐튼의 220억 달러를 훌쩍 뛰어넘는 수준이다. 그뿐 아니라 에어비앤비가 확보한 '빌릴 수 있는 방'은 모두 230만 개에 달하는데, 이는 세계 3대 호텔 체인인 힐튼, 메리어트 인터내셔널, 인터콘티넨탈 호텔의 객실을 모두 합친 것보다 많은 수준이다.

"남는 공간을 공유하여 부수입을 버세요." 에어비앤비가 던지는 이 문구는 호소력이 짙다. 특히 저성장 시대에 개발이 완료되어 더 이상 뭔가를 지을 땅이 없는 서울과 같은 대도시에서 공유경제의 확산은 필연적이다. 앞서 언급했듯이, 저성장으로 수입이 줄어든 사람들은 소비재로만 사용되고 있는 자신의 집을 되돌아볼 수밖에 없게 되었다. 빈방을 생산재로 활용할 기회가 생겼는데, 그 기회를 잡지 않을 이유가 없다. 국가적으로도 마찬가지다. 한국뿐 아니라 세계경제 역시 새로운 성장 동력을 찾지 못하고 있다. 그렇다면 할 수 있는 일은 있는 자원의 효용을 극대화하는 것이다.

그뿐 아니라 에어비앤비 플랫폼은 불확실성의 시대에 대응하기 편리한 유연한 시스템이다. 평상시에는 주거용으로 쓰다가 수요가 생기면 그에 맞춰 얼마든지 호텔로 변신시켜 공급을 맞출 수 있다는 점은 수요-공급 곡선을 예측하기 어려운 현대사회에서 굉장히 큰 장점이다. 오로지 한 용도로만 사용할 수 있는 호텔보다 위치, 크기, 디자인 등이 다양하면서도 바뀐 환경에 따라 유연하게 움직이는 시스템이 우월할 가능성이 높다. 특히 불확실성의 시대에는 말이다.

애초에 조와 브라이언이 첫 게스트를 받았을 때도 에어비앤비 시스템의 유연함이 돋보이는 상황이었다. 당시 샌프란시스코에는, 예기치 못한 많은 수의 외부인을 받아들일 만큼 호텔 등의 숙박 업소가 충분하지 않았다. 이 문제를 하드웨어적으로 해결하기 위해 건물을 짓고 운영을 시작하기까지 굉장히 많은 시간이 필요하다. 그러나 이미 있는 자원을 활용하는 방법을 소프트웨어적으로 풀어낸 에어비앤비는 그 준비 시간을 크게 앞당길 수 있었고, 숙박 업소 부족 문제를 해결했다. 호스트 입장에서는 부수입을 올릴 수 있는 기회를 얻게 되었다.

이 같은 에어비앤비의 장점은 2016년 8월에 열린 브라질 리우올림픽에서 그대로 확인되었다. 에어비앤비는 홈 셰어링 업체로서는 사상 처음으로 숙박과 관련한 공식 올림픽 파트너가 되었다. 당시 리우에는 충분한 숙박 업소가 없었기 때문이다. 올림픽을 시작하기 전인 2016년 7월 기준으로 에어비앤비는 이미 5만 5000명의 손님 예약을 확보했다.

에어비앤비를 단순한 홈 셰어링으로 치부한다면, 굉장히 쉬운 사업이라고 생각할지도 모르겠다. 그러나 본질적으로 에어비앤비는 테크놀로지에 기반한 업체다. 앞에서도 말했듯이, 스마트폰을 기반으로 실시간 수요를 파악해 예약하고 결제하는 시스템이기 때문이다. 예약에서 실제 숙박에 이르는 절차가 물 흐르듯 자연스럽게 이루어지지 않는다면, 소비자들은 언제든 떠나게 마련이다. 사용자 친화적인 디자인과 검색, 예약, 결제 시스템은 에어비앤비의 핵심 요소라고 말해도 과언이 아니다.

브라질 올림픽 때, 에어비앤비는 이런 기본 기능에 많은 디테일을 덧붙였다. 브라질에는 국제적으로 통용되는 신용카드를 보유한 사람이 많지 않았기 때문이다. 오로지 국제 신용카드로만 결제할 수 있게 되어 있던 에어비앤비로서는 브라질 사람들을 소비자로 확보하려면 뭔가 다른 옵션이 필요했다. 그래서 옵션을 몇 가지 추가했다. 로컬 신용카드를 사용할 수 있게끔 했고, 입장권 시스템도 추가했다. 입장권 시스템이란, 예약하면 부여받는 바코드를 출력해 은행이나 동네 편의점에서 지불할 수 있도록 한 것이다. 물론 스물네 시간 안에 결제를 하도록 제한을 두어, 너무 오랫동안 방을 잡아 두고 있다가 결제를 하지 않는 '노쇼No-Show'의 부작용을 최대한 방지했다. 원래 에어비앤비 같은 실시간 온디맨드 서비스에서는 스물네 시간을 준 것도 굉장한 배려일 수 있다.

그 결과 에어비앤비는 브라질 국내 고객을 대거 확보할 수 있게 되었다. 에어비앤비의 브라질 매니저인 레오나르도 트리스타오에 따르면, 2014년 리우 월드컵 때는 브라질 국내 여행자의 예약 비중이 6퍼센트에 불과했지만, 2015년 말에는 모든 예약의 53퍼센트가 브라질 국내 여행자에 의해 이루어졌다. 소비자 입장에서 부수적으로 얻을 수 있는 이익도 나타났는데, 브라질의 호텔들이 빈방을 채우기 위해 할인 행사를 벌였던 것이다.

그렇다면 에어비앤비의 이런 노력이 과연 단기적 성과로 끝나는 일일까? 그렇지 않다. 에어비앤비 같은 플랫폼 서비스의 성격상 한번 진입한 호스트는 계속해서 호스트로 활약하게 될 가능성이 높다. 부수입과 교류의 즐거움에 눈을 떴기 때문이다. 트리스타오의 생각도 비슷하다. "우리는 (올림픽이 끝났다고) 에어비앤비 수요가 크게 줄어들 것이라고 생각하지 않습니다. 올림픽 기간을 거치면서 호스트들이 홈 셰어링의 가치를 이미 알아 버렸기 때문이지요."●

에어비앤비가 성공 가능성이 높은 지점은 또 있다. 사업에 도시재생이라는 긍정적인 사회적 기능을 절묘하게 녹일 수 있다는 점이 바로 그것이다. 가파른 고령화 때문에 공동화로 치닫는 어느 시골 마을을 에어비앤비를 이용해 되살린 일이 대표적인 사례다

에어비앤비는 2016년 8월 디자인 스튜디오 '사마라'를 설립하고 일본 나라현의 요시노라는 마을에서 '요시노 삼나무집' 프로젝트를 시작했다. 고령화로 활력이 떨어지고 있는 요시노라는 마을을 관광 산업을 일으켜 되살리겠다는 프로젝트다. 일본의 유명 건축가인 하세가와 고와 주민들이 함께 '요시노 삼나무집'을 설계하고 짓는 일이 첫 단계다. 2층은 에어비앤비에 등록된 침실, 1층은 동

● "How Airbnb Is Preparing for the Rio Olympics," *Fortune*, Aug 06, 2016, http://fortune.com/2016/08/06/airbnb-rio-summer-olympics/.

에어비앤비 삼나무집
1층은 마을 주민들이 공동체 의식을
다지는 커뮤니티 공간. 2층은
방문객들이 묵는 공간으로 만들어
방문객들과 마을 주민들이 자연스럽게
교류할 수 있게 했다.
사진 출처: 에어비앤비

네 주민과 관광객들이 어울릴 수 있는 개방형 커뮤니티 센터다.

그때까지 에어비앤비는 이미 알려진 관광지에 거주하는 호스트들의 남는 방을 등록하게 하는 시스템으로 자리를 잡아 왔다. 쉽게 말해, 에어비앤비가 기존의 관광 흐름에 편승하는 식이었다. 호텔이 부족하면 그 수요만큼 에어비앤비를 확보해 대응하는 것이다. 그러나 요시노 마을은 관광지가 아니다. 그곳을 에어비앤비라는 플랫폼을 통해 소개하고 널리 알려 관광지화하겠다는 것이다. '이곳에 에어비앤비 숙소가 있는데 한번 찾아와 보면 어떠냐'고 제안하는 방식인데, 에어비앤비는 요시노 마을이 관광지로서 잠재력이 충분하다고 보고 있다. 벚꽃이 흐드러지게 피고 삼나무 숲이 펼쳐진 이곳은 휴식 공간으로 훌륭하다.

이 삼나무집의 호스트는 마을 주민 전체다. 마을 주민 모두가 관광객을 맞이한다는 콘셉트로, 1층의 커뮤니티 센터에서 마을 주민들이 공동체 의식을 더욱 돈독히 다질 수 있고, 2층에서 묵는 방문객들과 자연스럽게 교류할 수 있다. 에어비앤비는 사람의 모습이 점점 사라지고 있는 이 마을에 에어비앤비 숙소를 바탕으로 젊은 관광객을 끌어 모으게 된다면 마을의 활력이 자연스럽게 높아질 것이라고 기대한다.

이 '선한' 행위는 자신들의 사업 확장과도 이어진다는 점에서 의미가 크다. 이 프로젝트가 성공한다고 가정해 보자. 삼나무집은 단 한 채일 뿐이어서 늘어난 관광객을 수용하기 어렵다. 수요가 늘어나면 주민들의 집이 에어비앤비로 바뀌어 문을 열 것이다. 에어비앤비 입장에서는 사회에 공헌할 수 있을 뿐 아니라 호스트를 확대하여 수수료 수익을 늘릴 수 있다. 밀레니얼들은 선한 기업을 좋아한다. 미래 소비자의 특징 중 하나는 권익 신장이다.*

고령화로 시골 마을이 존폐의 기로에 선 사례는 세계 여러 곳에서 쉽게 찾을 수 있

---

* 《퓨처 스마트》, 제임스 캔턴, 박수성 외 옮김, 2016년, 비즈니스북스.

다. 한국 역시 예외가 아니다. 에어비앤비는 이 실험의 성패를 살펴본 뒤 여러 나라로 사업을 확장할 계획을 갖고 있다.

물론 도시는 언제나 양면성을 갖고 있다. 《가디언》이 에어비앤비를 젠트리피케이션의 주범으로 지목한 것은 관광이 독이 되는 사례를 그대로 보여준다.● 네덜란드 암스테르담은 에어비앤비의 부작용이 불거진 첫 무대다. 암스테르담은 2014년 12월 유럽에서 처음으로 에어비앤비와 협정을 맺은 도시이기도 하다. 암스테르담 시와 에어비앤비는 협정을 맺어 시 당국은 집 공유 확대를 위해 정보를 제공하고, 에어비앤비는 집주인 대신 관광객에게서 걷은 세금을 시 당국에 송금해 주는 서비스를 하기로 합의해 2015년 1월 1일부터 시행해 왔다.

"에어비앤비가 젠트리피케이션에 기여하는 것이 확실하다고 생각해요. 부동산 가격을 올려놓았고요. 또 동네 슈퍼마켓이 자전거 대여점으로 바뀌는 등 거주민들을 위한 상점 대신 관광객을 위한 상점이 들어서고 있어요. 아파트는 관광객들에게 방을 내주고 거기 사는 사람들을 내쫓고 있어요."

암스테르담에 거주하는 도시계획가 시토 베라크루즈는 《가디언》과의 인터뷰에서 이렇게 말했다. "처음에는 에어비앤비로 방을 빌려 주는 것이 아주 훌륭한 생각이라 여겼는데, 이젠 생각이 달라졌습니다. 도시에 위협을 줄 수 있다고 생각해요." 그는 이런 부작용에 주목하고 '페어비앤비Fairbnb'라는 이름의 새로운 서비스를 만들었다. 시 의회에 등록한 집주인만 임대 사업을 할 수 있고, 동네 주민들이 모두 이 페어비앤비 플랫폼을 관리할 수 있도록 하는 것이 에어비앤비와 차별화된 내용이다.

네덜란드 은행 아이엔지ING는 보고서에서 에어비앤비가 부동산 가격 상승에 '상당한' 영향을 준다고 분석했다. 에어비앤비 대여가 가능한 아파트의 가치가 더 올라가기 때문이다. 델프트공대 주거시스템학과의 페터르 불하우어르Peter Boelhouwer 교수는 이를 '에어비앤비 이펙트'라고 부른다.●● 암스테르담에서는 매년 2만 2000개의 방이 에어비앤비에 등록되어 관광객들에게 대여되고 있다. 에어비앤비가 내놓은 데이터를 보면, 암스테르담의 전형적인 집주인은 1년에 28일 방을 공유하고 3800유로(474만 원)의 수익

을 얻는다.•••

《가디언》처럼 에어비앤비가 젠트리피케이션을 유발한
다는 지적을 할 수도 있다. 그러나 앞에서도 보았듯이, 주
거지의 관광지화가 과도하게 진행될 경우에는 언제나 문
제가 생길 수 있다는 것을 알아야 한다. 진짜 우려할 점
은 '지나친 관광지화'이지, 에어비앤비 같은 어떤 기폭제
가 문제가 아니라는 뜻이다. 주거지가 관광지로 바뀌면
당연히 주거지로서의 기능이 약화된다. 관광지에서 집이
소비재에서 생산재로 바뀌고 집값이 상승하는 건 어쩌면
당연한 일인지도 모른다. 결국 주민들 각각의 욕망을 어
떻게 제어하고 긍정적인 방향으로 관리해 나가느냐는 문
제로 귀결될 가능성이 높다. 그 일을 주민들 스스로 해내
느냐, 아니면 정부의 규제로 이루느냐는 또 다른 문제다.

휴가지에서
일하면 어때!

인터넷으로 모든 것이 연결되는
시대다. 그렇다면 우리는 굳이 회사가 있는 곳에 묶여 있
을 필요가 없지 않을까? 디지털 유목민의 등장과 각종
디지털 네트워크 방식의 진화는 이런 질문을 끌어냈다.
여기에 더해 급기야 휴가지에서도 얼마든지 일할 수 있
다는 생각까지 만들어 냈다.

2015년 4월부터 사업을 시작한 롬ROAM이라는 회사가

• "The 'Airbnb effect': is it real,
and what is it doing to a city like
Amsterdam?," *The Guardian*, Oct
6, 2016, https://www.theguardian.
com/cities/2016/oct/06/the-
airbnb-effect-amsterdam-fairbnb-
property-prices-communities.
•• 상동.
••• 상동.

휴가지를 공유 공간으로 활용하는 롬
유명 휴가지인 발리가 내 일터가 된다면
어떨까. 그곳에서 나와 닮은 많은
젊은이들과 대화하고 소통할 수 있다면?
롬은 바로 이 꿈같은 일을 할 수 있도록
발리에 공유 사무실을 만들었다. 그곳에서
여유를 만끽하며 일도 할 수 있다.
사진 출처: 롬

내놓은 서비스는 바로 이 같은 '디지털 유목민'을 타깃으로 했다. 이들은 인도네시아의 발리, 스페인의 마드리드, 미국의 마이애미 등지에서 마치 휴가지 같은 분위기의 공간을 제공하고, 일정 기간 살면서 일할 수 있도록 했다. 일주일 머무는 데 필요한 돈은 500달러(56만 6000원), 한 달에 1800달러(203만 7000원)다.

이용자들의 교류를 증진하기 위해 롬은 올드오크처럼 커뮤니티 매니저를 두고 있다. 커뮤니티 매니저는 관심사가 비슷한 이용자를 엮어 주고 이벤트를 만든다. 이곳에서는 집과 일터라는 물리적 장소에 구애받지 않는 이용자들이 여행도 즐기고 사람들과 교류하면서 자신들이 해야 할 업무까지 볼 수 있다.

브루노 하이드Bruno Haid 대표에게 이메일을 보내 롬에 대해 물어보았다. 그는 다음과 같이 설명했다.

"이용자들이 롬의 공간에서 여러 부류의 사람들과 만나 교류하며 새로운 사업 아이디어를 떠올리는 경우를 많이 보았습니다. 평소와 분위기가 완전히 다른 곳에서 살아보며 여러 사람과 교류하면 자신의 예술성을 한껏 올릴 수 있는 것 같아요."

이용자는 휴가지에서 자신과 비슷한 사람들과 교류하며 먹고 자고 일하고 여행지의 분위기를 즐길 수 있다. 하이드는 이렇게 설명했다. "사람들은 이제 뭔가를 소유하려는 생각을 버리고 있습니다. 이제는 물리적 장소에 구애받지 않고 커뮤니티와 다양성을 추구하는 시대로 바뀌고 있습니다."

현재 세계 휴양지 네 곳에 설치된 롬을 찾는 사람은 많다. 마이애미 롬은 항상 꽉 차 있고, 발리 롬은 예약이 넘칠 정도다. 롬은 아르헨티나의 부에노스아이레스, 영국의 런던, 일본의 도쿄, 미국의 샌프란시스코 네 곳에 추가로 공유 공간을 낼 예정이다. 모두 날씨가 좋고 도시의 경제 중심지와도 가까운 곳이다.

'더 리모트 트립The remote trip'이라는 회사는 아예 휴가지에서 일할 수 있는 직업까지 소개해 주는 등 '풀 서비스'를 제공한다. 이 사이트에 등록하면 비행, 숙박, 일할 수 있는 장소 등을 모두 연결해 준다. 인터넷에 연결될 수 있도록 도와주고, 여러 사람들과 만나 교류할 수 있는 여건을 마련해 준다. 일하면서 살기에 부족함이 없도록 해준다. 심지어 이렇게 일을 할 수 있는 직업을 소개해 주기까지 한다.

또 다른 업체인 '플렉스잡스FlexJobs' 역시 회사의 물리적 위치와 상관없이 일할 수 있는 직업을 소개한다. 이런 직업은 스케줄이 유연해야 하고, 파트타임이나 프리랜서로 일하는 것이 가능해야 한다. 《포브스》에 따르면, 플렉스잡스가 제공하는 직업 리스트가 2015년 한 해 동안 36퍼센트나 늘어났다. 컴퓨터와 IT 관련 직업이 가장 많았고, 의료 건강, 유통, 행정, 고객 서비스, 교육과 훈련, 마케팅 등의 직군이 그 뒤를 이었다.●

어렸을 때부터 인터넷을 써온 첫 세대가 이제 본격적으로 일자리를 찾아 나서고 있다. 더욱이 문화적 상상력이 최고조에 이른 이들이 디지털 유목민을 추구하는 것은 어쩌면 필연적인 일인지도 모른다.

공간의
리프로그래밍 2

공간은 이제 더 이상 고정된 목적만을 위해 이용되지 않는다. 공유경제와 맞물리며 목적에 따라 언제든 '리프로그래밍'될 수 있다. 낮에는 식당으로, 밤에는 술집으로 운영되는 식의 업소가 늘어나는 것도 이와 비슷한 현상이다.●●

뉴욕의 스타트업 회사인 스페이서스Spacious는 레스토랑이 한가한 낮 시간을 활용해 보려는 시도를 한다. 즉 저녁 식사 시간 이전의 레스토랑을 찾아내 네트워크를 만들려는 시도를 하는 것이다. 뉴욕 같은 도시에서는 공간이 회소하고 비싸지만, 함께 일할 수 있는 공간을 찾으려는 수요는 엄청나게 많다. 도시 디자인 블로그인《팝업시티》에 따르면 뉴욕 맨해튼과 브루클린에서만 2000개의 레스토랑이 일과 시간 동안 사용되지 않고 있다고 한다.●●●

스페이서스는 2016년 6월부터 브루클린, 샌프란시스코, 로스앤젤레스 등의 도시에서 이런 레스토랑을 찾아내 파트너십을 맺으려 하고 있다. 매달 95달러(11만 2000원)를 내는 스페이서스 멤버로 가입하면, 파트너십을 맺은 이 레스토랑 어느 곳이든 찾아가 일해도 된다. 이 레스토랑들에서 식사를 할 수는 없지만 와이파이를 이용하고 무료로 커피를 마실 수도 있다. 네트워크로 연결된 개인들은 자신들의 필요에 따라 공간을 유연하게 바꿔

● "Work From Home In 2016: The Top 100 Companies For Remote Jobs", *Forbes*, Jan 27, 2016, http://www.forbes.com/sites/laurashin/2016/01/27/work-from-home-in-2016-the-top-100-companies-for-remote-jobs/#7155539e36f0.

●● 〈낮에는 밥, 밤에는 술' 불황 속 술집 한지붕 두 점포…직장인들 환영〉, 《뉴시스》, 2013년 7월 29일, http://www.newsis.com/ar_detail/view.html?ar_id=NISX20130726_0012251437&cID=10201&pID=10200.

●●● "Spacious Turns New York's Empty Restaurants Into Co-Working Spaces," *Pop-Up City*, June 24, 2016, http://popupcity.net/spacious-turns-new-yorks-empty-restaurants-into-co-working-spaces/.

네덜란드 휘스카머칸투르

네덜란드 암스테르담에서는 낮에 쓰지 않는 거실 공간을 오피스로 쓸 수 있는 휘스카머칸투르르라는 이름의 상품이 등장했다.
사진 출처: 휘스카머칸투르 페이스북

나갈 것이다. 그것이 다가올 새로운 도시를 어떻게 바꿔 나가게 될까?

　　2015년 10월, 세계경제포럼의 '10대 도시 혁신'이라는 제목의 짧은 보고서는 10개의 혁신 사례 가운데 첫 사례로 '리프로그래밍이 가능한 공간'을 들었다. 도시에서 공간의 수요는 경제성장이나 소비자 선호 등에 따라 계속해서 바뀌게 마련이다. 보고서에는 이렇게 언급되어 있다. "향후 30년 동안 도시 인구가 40억 명에서 70억 명으로 늘어나게 되면 새로운 인프라가 필요할 것이다. 그러나 지금까지 해왔던 것처럼 대규모 공사를 통해 인프라를 늘려서는 안 된다. 그럴 돈도, 시간도 없다. 기존 인프라를 더 잘 쓰는 데 초점을 맞춰야 한다."●

　　2013년 4월, '휘스카머칸투르Huiskamerkantoor'라는 이름의 '거실 겸 오피스' 서비스가 네덜란드 암스테르담에 등장했다. 이 서비스는 비싼 임대료를 내며 오피스를 대여해

1111링컨로드
주차 빌딩으로 지어졌지만, 결코
주차 빌딩만으로 이용되지 않는 건물.
파티 무대로 이용될 수도 있고,
결혼식도 치를 수 있다. 쇼핑센터와
레스토랑도 들어서 있고,
꼭대기 층에는 주거 공간도 있다.
사진 출처: herzog & de meuron

쓰거나 커피숍에서 일할 것이 아니라, 낮 시간 동안 쓰지
않는 거실 공간을 오피스로 활용하자는 취지에서 시작되
었다. 멤버가 되어 거실을 공유하면 이 거실은 함께 일하
는 '코워킹co-working 공간'으로 변한다. 오피스를 사용하
는 멤버들은 특별히 사무실이 필요하지 않은 프리랜서일
수도 있고, 학생일 수도 있다. 예술가와 기자와 학생, 온
라인 증권중개인 등이 나란히 앉아 일을 하는 장면을 생
각해 보라!

● World Economic Forum, *Top Ten Urban Innovations*, October 2015, http://www3.weforum.org/docs/Top_10_Emerging_Urban_Innovations_report_2010_20.10.pdf.

2010년 미국 마이애미 해변에 지어진 1111링컨로드1111Lincoln Road라는 이름의 주차 빌딩은 단지 주차 기능만 있는 것이 아니다. 대부분의 주차 빌딩이 주차장만을 위한 공간으로 꾸며져 사각의 박스 형태로 지어지는 것과 달리, 이곳은 주차장으로 꾸며진 넓은 공간을 필요와 수요에 따라 다른 용도로 바꿔 사용할 수 있다. 파티를 여는 공간으로도 활용할 수 있고, 대규모 요가 수업이나 결혼식도 할 수 있다. 쇼핑센터와 레스토랑도 들어서 있고, 꼭대기 층에는 주거 공간도 설치된 다목적 건물이다.

이것은 커다란 함의를 갖는다. 수요에 따라 다른 용도로 쓸 수 있다는 것은 공간 효율성을 극대화할 수 있다는 것을 의미한다. 우리는 이미 MIT '체인징 플레이스' 그룹이 내놓은 '시티홈' 프로젝트에서 용도에 따라 유연하게 바뀌는 공간을 살펴보았다. 1111링컨로드는 그보다 훨씬 큰 규모로 공간 안에 유연함을 담아 놓았을 뿐이다. 불확실성의 시대에는 유연한 플랫폼 공간이 떠오를 수밖에 없다. 모든 기능이 고정되어 변화하기 어려운 공간은 미래의 수요를 모두 담아내지 못한다.

가상현실이 만드는
새로운 공간

미국의 설치미술가 제임스 터렐James Turrel의 작품인 〈간츠펠트Ganzfelds〉는 마치 무한하게 펼쳐진 공간처럼 보인다. 벽체의 색깔과 모서리의 각도 등을 조정하고 빛에 의한 착시를 이용해 만들어 낸 공간의 재탄생은 예술작품을 넘어 혼합현실이나 가상현실이 연출해 내는 새로운 공간과 같은 맥락으로 이해할 수 있다. 로버트 어윈Robert Irwin이나 올라푸르 엘리아손Olafur Eliasson의 작품에서도 비슷한 시도를 엿볼 수 있다.

이것은 인간의 착시를 이용한 예술이다. 이 착시 탓에 우리는 특정 공간을 실제와 다르게 인식하게 된다. 공간의 쓰임새에 따라 착시를 이용하는 사례는 건축계에서 특히

많이 쓰였다. 좁은 공간의 벽면에 커다란 거울을 설치해 넓은 공간감을 연출한다거나, 개방감을 주는 넓은 창과 높은 층고를 이용해 좁은 면적을 보완하는 등의 일이 바로 그것이다.

기술의 발달이 이어지면서 앞으로의 공간의 변화는 좀 더 극적으로 이루어질 수도 있을 것 같다. 바로 가상현실의 도입 때문이다. 2016년 9월 경기도 하남에 문을 연 하남 스타필드의 현대차 매장에서 우리는 미래에 다가올 새로운 공간을 사유해 볼 수 있다. 이곳은 바닥과 정면 입구 쪽을 제외한 양쪽 벽과 뒷면, 천장까지 4개면이 모두 LED 패널로 둘러싸여 있다.

제임스 터렐의 〈간츠펠트〉

제임스 터렐은 이 작품으로 공간에 대한 인식의 틀을 깨부순다. 우리가 으레 생각하는 편견을 깨부수며 공간을 재정의한다. 가상현실은 터렐의 작품처럼 공간의 차원을 한 단계 높일 것이다. 사진 출처: 제임스 터렐(http://jamesturrell.com/work/dhatu/)

경기 하남 스타필드의 현대차 매장
이곳의 LED 패널은 자동차를
둘러싸고 있는 공간을 시시각각
다르게 만들어 준다. 여러 다른 공간
속에서 이 자동차가 어떻게 보일지에
대한 상상을 불러일으킨다. 현실은
아니지만 현실 같은 가상의 공간을
새롭게 만들어 냈다는 점에서
가상현실의 사례로도 볼 수 있다.

건축가 서을호의 서아키텍츠에서 설계한 이 공간은 시시각각 다른 화면을 뿌리며 방문자들을 환상의 세계로 안내한다. LED 패널마다 유격을 두지 않고 전체 벽면을 LED로 가득 채웠다면 가상의 공간은 더욱더 현실감 넘쳤을 것이다. 이것은 VR로 대표되는 가상현실과는 다른, 그저 LED 패널이 만들어 내는 '억지 가상'일 뿐이지만 공간이 얼마나 크게 변할 수 있는지를 보여주는 중요한 예시가 될 수 있을 것 같다.

2016년을 기준으로, 미국에서 가장 뜨거운 관심을 받고 있는 가상현실 개발 업체인 매직리프Magic Leap의 기술은 공간의 개념을 완전히 전복한다. 예컨대, 매직리프의 시연에는 집채만 한 혹등고래가 체육관 바닥에서 거대한 물보라를 일으키며 솟아올랐다가 다시 바닥 아래로 풍덩 빠져 들어가는 장면이 있다. 체육관에 모인 관중들은 3차원으로 펼쳐지는 이 환상적인 광경에 환호성을 내지른다. 이 압도적인 경험은 당사자들에게는 현실이다. 가상은 가상이되, 뇌의 인식으로는 '진짜'인 이 가상현실 시스템이 등장하면, 우리가 생각하는 공간의 패러다임이 완전히 뒤바뀔 수 있다. 매직리프의 기술을 업계에서는 진짜 현실에 가상현실을 더한 '혼합현실Mixed Reality, MR'이라고 부른다. 포켓몬고 같은 증강현실Augmented Reality, AR의 확장판이라고 생각하면 이해하기 쉽다. 현실과는 동떨어진 가상의 것을 생성해 내는 VR 기술까지 덧입혀져 '현실감'이 최고조에 이르게 한다는 점에서 차이가 있다. 카메라가 담은 현실세계의 모습과 컴퓨터가 구현한 포켓몬 캐릭터 그림을 뒤섞어 스마트폰 화면에서 함께 보여주는 수준이 AR이라면, MR에서는 카메라에 잡힌 소파 뒤쪽으로 포켓몬이 숨기도 하고 문을 열고 밖으로 나갈 수도 있다.

MR 기술은 공간의 정의를 뒤바꾼다. 포켓몬고는 시작일 뿐이다. 슈퍼마켓에 가면 특정 공간을 지날 때마다 실제 상품 위에 덧입혀진 디지털 화면을 통해 각종 정보를 볼 수 있게 될 것이다. 기존 구매 기록이나 실시간 혈당 분석을 바탕으로 철저히 개인화된 광고를 볼 수도 있다.

예컨대, 미국 뉴욕 맨해튼의 타임스퀘어에서 볼 수 있는 수많은 광고는 '나만을 위한 광고'가 될 것이다. 페이스북을 이용하다 보면 결국 자신과 생각이 비슷한 사람들끼리 모이게 되는 '끼리끼리' 현상이 현실에서도 나타날 수 있다. 예컨대, 어느 증강현실 프로그램을 쓰느냐에 따라 같은 공간을 서로 다르게 이용할 수 있게 된다. 같은 프로그램을 쓰는 사람들은 공간을 공유하지만, 그러지 않을 경우 현실과는 상관없이 '가까이 있어도 먼 당신'이 될 수밖에 없다.

건축의 의미도 달라진다. 내가 고전주의 건물을 좋아한다면 그런 설정을 써 고전주의 건물로 볼 수 있게 된다. 창문 바깥의 풍경도 조절 가능해 런던이나 파리 거리의 풍경으로 설정해 둘 수도 있다. 건축가들은 게임 디자이너나 영화 제작자 같은 기능을 수

행해야 한다. 영국 런던에서 활동하는 일본계 디자이너 게이이치 마츠다는 디자인 잡지 《디진Dezeen》과의 인터뷰에서 "구글의 스트리트 뷰 같은 기술을 증강현실과 접목시키면, 타임 트래블도 얼마든지 가능해질 것"이라고 전망하기도 했다.●

도시 중심지 집중 현상이 심화되며 점점 더 좁은 공간에서 살 수밖에 없는 현대인들에게는 어쩌면 희소식일 수도 있다. 작지만 작지 않은 듯한 착각을 불러일으키는 가상현실의 공간을 이용해 물리적으로 좁은 공간의 한계를 확장할 수 있기 때문이다.

사실 우리가 일상에서 실제로 사용하는 공간은

혼합현실

킥스타터 캠페인으로 돈을 모아 3년 이상 작업해 내놓은 영상의 한 장면. 영국 런던에서 활동하는 디자이너 게이이치 마츠다는 디지털 미디어와 물리적 세상이 융합된 '하이퍼 리얼리티'의 시대가 어떻게 펼쳐지게 될지를 짧은 영상으로 표현해 냈다. 영상에서 주인공은 주변의 물리적 실체에 디지털 정보가 덧붙여져 보이는 '혼합된 현실' 속에서 산다. 거리의 광고판과 길에는 디지털화된 광고와 교통신호가 끊임없이 흐른다. 사진 출처: 게이이치 마츠다 유튜브 캡처

매직리프 시연 영상
실내체육관 바닥에서 혹등고래가
솟구쳐 오르는 이 놀라운 시연 장면
하나로 매직리프는 숱한 사람들이
엄청난 기대를 하게끔 만들었다.
매직리프는 미국에서 가장
비밀스러우면서도 기대를 품게 만드는
회사다.
사진 출처: 매직리프 유튜브 영상 캡처

6.6~9.9제곱미터(2~3평)에 불과할지도 모른다. 그 이상의
공간은 시각적·심리적 만족을 위한 것일지도 모른다. 작
은 공간을 넓게 보이게 하는 기술은 이미 건축계에서 자
주 써오던 기법이기도 하다. 좁은 공간의 벽면에 거대한
거울을 채우면 뇌가 인식하는 공간의 크기가 훨씬 커지
는 것처럼 말이다. 착각을 통해 공간의 효율을 극대화하
는 것이다.

• "Augmented reality heralds the abolition of architectural practice as we
know it," *dezeen*, Jan 31, 2017, https://www.dezeen.com/ 2017/01/31/owen-
hopkins-opinion-augmented-reality-heralds-abolition-current-architecture-
practice/.

교류의 방식도 완전히 바뀔 수 있다. 조만간 우리는 특별한 장소를 거론하지 않고 만나자는 약속을 하게 되면, 당연한 듯 가상공간에서의 만남을 생각하게 될 가능성도 있다. 2016년 10월 6일 페이스북이 시연 장면을 공개한 '소셜 VR'은 그 가능성을 보여준다. 페이스북은 자사의 VR 개발 업체가 개발한 VR 기기인 오큘러스를 이용해 가상공간에서 다른 곳에 있는 사람들과 만나는 장면을 시연했다. 기본적으로 페이스북의 메신저 기능처럼 대화할 수 있는 셈이지만, 실제 가상공간에서 다른 이와 만난다는 점에서 문자로 대화하는 것에 견주면 훨씬 밀도 높은 교류가 가능해진다. 목소리와 제스처는 물론 눈을 치켜뜨거나 놀라거나 웃는 표정까지 구현할 수 있기 때문이다. 이런 특성을 가진 아바타는 그 사람만이 가지고 있는 개성을 그대로 드러낸다.

매직리프의 것과 유사한 MR 기기인 홀로렌즈를 출시한 마이크로소프트는 '홀로포테이션' 기능을 개발하고 있다. 홀로렌즈를 가진 두 사람이 다른 공간에 있으면서도 서로를 라이브 홀로그램 형태로 사신의 공간으로 불러올 수 있는 기능이다. 영화 〈스타워즈〉에서 보던 장면이 현실에서 연출될 가능성이 있다는 뜻이다.

아직까지는 이 기술이 자연스럽게 구현되는 건 아니다. 3D 카메라로 둘러싸인 특별한 방 안에 있는 사람만이 홀로렌즈를 낀 사람 앞으로 소환될 수 있다. 이 기기는 아직 상용화되지 않았지만, 개발자 버전으로 시중에서 3000달러(353만 원)에 살 수 있다.

이런 식의 홀로포테이션이 상용화된다면, 사람들은 좀 더 쉽게 교류할 수 있다. 공간의 개념도 크게 흔들릴 가능성이 높다. 3D 카메라로 둘러싸인 방만 있다면 어디에 살든 회의에 참석해 자연스럽게 교류를 나눌 수 있다. 그림을 그려서 상대에게 보여주며 말할 수도 있고, 눈빛과 입 모양으로 자신의 감정을 그대로 드러낼 수도 있다. 이제 공간은 그저 사각의 물리적 실체에만 머물지 않게 되었다.

이는 거리의 제약이 사라지는 시대가 도래한다는 의미다. 도시로의 집중 현상과는 상충되는 듯한 내용이다. 그러나 거리의 제약이 사라지는 시대라고 해도 오프라인에서의 만남을 줄이지는 않을 것이다. 오히려 가상현실에서의 만남은 오프라인에서의 만남을 더욱 확대할지도 모른다.

자동차 제작사들은
왜 우버를 좋아하나?

2016년 9월 14일, 우리는 미국 피츠버그에서 자율주행차의 시대가 열리는 첫 광경을 목격했다. 피츠버그에서 스마트폰으로 택시를 부르면 컴퓨터가 운전하는 자율주행 택시가 찾아온다. 물론 앞좌석에는 안전을 위해 우버가 배치한 직원 2명이 타고 있어 자율주행차라는 실감이 나지 않을지도 모른다.

자율주행차를 개발해 150만 마일(240만 킬로미터)의 테스트 주행을 거친 구글도, 폴크스바겐(폭스바겐)이나 도요타 같은 세계적인 완성차 업체도 아닌 차량 공유 업체가 미래를 여는 첫 주인공이라는 점은 의미심장하다.

2016년 초까지만 해도 자율주행차는 다가오지 않은 미래 중 하나였다. 그래서 우리는 자율주행차의 기술 수준이 어느 정도인지, 언제 자율주행차가 개발되어 우리 눈앞에 나타나게 될지에 대한 추상적 전망에 치중해 왔다. 그러나 2016년 여름을 기점으로 분위기가 급변하고 있다. 이제 업계는 차량 공유 서비스라는 비즈니스 모델의 비전에 확신을 갖고 있다. 이에 따라 차량 공유 서비스 업계의 선두 주자인 우버에 관련 업계의 러브콜이 쏟아지고 있다.

완성차 업체인 포드의 변신도 주목할 만하다. 2016년 9월 9일, 포드의 마크 필즈Mark Fields 대표는 다음과 같이 밝혔다. "우리는 자동차와 함께 이동을 위한 더 많은 솔루션을 제공하려 합니다."● 2016년 8월 16일, 포드는 "우버와 리프트Lyft 같은 차량 공유 서비스에 투입하기 위해 2021년까지 완전 자율주행차를 개발하겠다"●●고 공언하기도 했다. 이것은 의미하는 바는 무엇일까?

● "Ford Acquires On-demand Shuttle Service Chariot", Wired, Sep 9, 2016, https://www.wired.com/2016/09/ford-acquires-demand-shuttle-service-chariot/.
●● "Ford Plans Leap From Driver's Seat With Autonomous Car by 2021", Bloomberg, Aug 16, 2016, https://www.bloomberg.com/news/articles/2016-08-16/ford-aims-to-offer-fully-autonomous-ride-sharing-vehicle-by-2021.

2016년 여름, 자율주행차 업계는 업체 간 합종연횡으로 뜨거웠다. 하루가 다르게 투자와 인수합병 소식이 터져 나왔다. 그 중심에 우버가 있다. 그중 주목받은 사례는 스웨덴의 프리미엄 자동차 회사인 볼보와 우버가 맺은 파트너십이다. 볼보는 자율주행차 시스템을 탑재할 수 있는 '베이스 차량'을 개발하고, 우버는 연내에 그 차량을 100대 구매하는 것이 파트너십의 주요 내용이다. 두 업체는 공동으로 3억 달러(약 3300억 원)를 투자해 베이스 차량에 탑재 가능한 자율주행 시스템을 개발할 예정이다.

2016년 5월에는 포드가 우버와 파트너십을 맺었다. 포드는 자율주행 기술이 적용된 퓨전 하이브리드 모델을 이용해 피츠버그에서 운행 테스트를 하고 있다. 이 테스트 차량은 지도 데이터 수집과 자율주행 기능 테스트를 치른다. 같은 달에 도요타는 우버와 전략적 제휴를 맺었다. 우버 운전자에게 차량을 임대하는 프로그램을 만든 도요타는 하반기 중에 이 프로그램을 시작할 예정이다. 도요타는 우버에 약 1억 달러(1100억 원)를 투자한 것으로 알려졌다. 자율주행 시스템 소프트웨어를 개발 중인 마이크로소프트, 재규어·랜드로버 등을 소유한 인도의 타타자동차도 2016년 7월과 8월에 각각 1억 달러를 우버에 투자했다.

북미 지역에서 우버의 경쟁 업체로 활약 중인 리프트도 인기를 끌고 있다. GM은 2016년 1월 리프트에 5억 달러(5500억 원)를 투자했다. 5월에는 리프트와 함께 이듬해에 쉐보레 볼트 전기택시를 이용해 자율주행 택시를 테스트하겠다고 밝혔다. 포드 역시 2016년 1월 리프트에 5억 달러를 투자했다.

'타이탄 프로젝트'를 통해 자율주행차 개발에 은밀히 나서고 있는 애플은 중국에서 우버를 몰아낸 차량 공유 서비스 업체인 디디추싱에 10억 달러를 투자하며 시장 선점에 나섰다. 폴크스바겐은 2016년 5월 주로 유럽을 무대로 택시 호출 서비스를 벌이고 있는 게트에 3억 달러를 투자했다. 벤츠의 모회사 다임러가 가지고 있는 마이택시는 그해 7월 경쟁사인 헤일로와 합병했다. 택시 호출 서비스 업체 두 곳이 합병하면서 유럽 최대의 차량 공유 업체가 탄생했다.

이러한 움직임이 나타나는 것은 시장 주도권이 차량 공유 서비스 업계 쪽으로 급격하게 쏠리고 있기 때문이다. 스마트폰이 보급되면서 필요할 때만 이용하는 온디맨드 시장이 운송 분야를 중심으로 급격히 확대되고 있다. 이미 우버, 리프트 등은 스마트폰 앱으로 공유 서비스를 내놓으며 모바일-온디맨드MOD 시장을 확대하고 있다. 여기에 자율주행차가 더해진다면 파괴력은 더욱 커진다.

공유차는 자연스럽게 자율주행차와 결합될 수밖에 없다. 자율주행차의 컴퓨터는 인간보다 시간을 더 잘 맞추고, 완전 자율주행차 시스템이 도입되면 사고율도 0으로 수렴할 뿐 아니라 요금도 사람이 운행할 때보다 30~60퍼센트 저렴하기 때문이다. 더욱이 대부분의 자동차가 자율주행차가 되면, 인간이 소유욕을 잃게 될 가능성이 높다. 스스로 움직이는 자동차를 내 차고에 고이 모셔 두고 있을 이유가 없으며, 바깥에 내보낼수록 점점 '나만의 것'이라는 인식이 희석되기 때문이다.

자동차는
모바일 디바이스

지금까지 완성차 업계는 자율주행차에 그리 호의적이지 않았다. 자동차 소유 비율을 떨어뜨릴 것이라고 보아 왔기 때문이다. 자동차 시장 진입을 노리는 구글이 운전대와 페달 없는 자율주행차를 선보이며 '공격적인' 마케팅을 벌일 때도, 완성차 업체들은 "운전의 즐거움은 미래에도 사라지지 않을 것"이라고 강조해 왔다. 벤츠가 2016년 1월 라스베이거스에서 연 국제전자제품박람회CES에서 공개한 자율주행 콘셉트카에는 운전대가 붙어 있다.

그러나 최근 완성차들의 움직임에는 자칫 타이밍을 놓쳐 시장의 주도권을 빼앗기면 향후에는 설 자리가 없을 것이라는 위기감이 반영되어 있다. 앞으로 자동차는 더 이상 소유물이 아니게 될 가능성이 높다. 최근 포드가 공유 셔틀버스 업체 채리엇Chariot을 인수하고 공유 자전거 사업에 나선 것은 바로 이런 이유 때문이다.

"자동차는 궁극적인 모바일 디바이스"라고 설명해 온 애플의 말처럼, 자율주행차의

구글의 자율주행차 코알라
코알라처럼 생긴 이 자율주행차에는
운전대가 없다. 인간의 개입을 완전히
배제하는 완전 자율주행차를
추구한다는 점을 강조한 디자인이다.
사진 출처: 구글 웨이모

시대에 자동차는 더는 소유하는 물건이 아니다. 대신 호출해서 잠깐 타는 서비스 상품으로 변하게 될 가능성이 높다. 자동차 산업은 제조업에서 서비스업으로 바뀌고 있다.

자율주행차 기술의 최강자로 알려진 구글도 이 흐름을 그대로 따르고 있다. 구글은 2013년 일찌감치 웨이즈 Waze라는 내비게이션 개발 업체를 인수했고, 2016년 5월부터 미국 캘리포니아 주 베이 지역에 있는 구글과 월마트, 어도비시스템스 등의 직원 2만 5000명을 상대로 통근용 '카풀 파일럿 서비스'를 시작했다. 구글은 이 파일럿 프로젝트를 바탕으로 우버·리프트 택시보다 더 값싼 차량 공유 서비스를 만드는 것이 목표다.

국내에서도 이러한 가능성을 염두에 둔 실험이 진행되

고 있다. 서울대 지능형자동차 IT연구센터는 서울대 캠퍼스 안에서 스마트폰으로 호출하면 이용자에게 찾아와 목적지까지 데려다주는 '스누버SNUber'택시 실험을 하고 있다. 서승우 센터장은 차량 공유 서비스와 자율주행차 기술이 결합될 수밖에 없는 이유에 대해 이렇게 설명했다. "차를 빌려 가는 입장에서 보면, 하루치 렌트비를 지급했는데 일부 시간만 이용하고 주차장에 두면 아깝지 않나요? 자율주행차가 도입되면 꼭 필요할 때만 이용하고 그에 맞는 돈만 쓰면 되니 소비자에게는 유리한 모델이죠."

현재 자율주행 기술은 어느 정도 수준일까? 수많은 돌발 상황에 대한 대응력이라는 측면에서 아직은 한계가 많다. 사람들이 북적이는 홍대 앞 골목길과 같은 이면도로에서의 주행은 영원히 불가능할 것이라는 전망도 있다. 다만 큰 도로 등을 중심으로 일정 구간을 운행하는 서비스 정도는 지금 테스트 단계의 기술로도 가능하다. 그런 점에서 레벨3 수준의 자율주행차 상용화 가능성은 점점 커지고 있다. 시간은 기술의 편이다. 구글의 자율주행차인 '코알라'의 지붕 위에 달린 라이다Light Detection and Ranging, LiDAR의 가격은 1억 원에 달했다. 그러나 이스라엘의 스타트업 기업인 이노비즈 테크놀로지스Innoviz Technologies는 그 가격을 10만 원 수준으로 낮추겠다고 공언하고 있다. 전문가들은 레벨3 자동차가 상용화되는 시점을 대략 2020~2021년으로 보고 있다. 기술적으로만 보면, 그때는 제한된 구간에서 자율주행 택시가 충분히 운행될 수 있다는 의미다. 국토교통부는 2017년 2월, '제2차 자동차정책기본계획(2017~2021)'을 내놓으며, 2020년까지 레벨3 수준의 자율주행차를 상용화하겠다고 밝혔다.

실제로 이미 고속도로에서의 자율주행은 성공적으로 진행되고 있다. 우버는 2016년 8월에 6억 8000만 달러를 들여 자율주행 트럭을 개발하는 오토모토Ottomotto를 인수해 같은 해 10월 25일 첫 물류 운송에 성공했다. 버드와이저 맥주 2000캔을 싣고 미국 콜로라도 주 포트콜린스에서 출발한 자율주행 트럭은 같은 주에 있는 콜로라도스프링스까지 120마일(193킬로미터) 중 100마일(약 161킬로미터)을 사람의 도움 없이 운전했다. 고속도로 진입로를 통과할 때 인간 운전사가 도움을 주었다.

사실 고속도로라는 통제된 환경에서의 자율주행은 지금의 기술로도 충분히 가능하다. 한국의 상황을 예로 들어 보자. 서울에서 일하는 트럭 운전사가 경부고속도로로 진입할 때까지만 차를 몰고 고속도로에 진입하면 차에서 내려 회사로 돌아간다. 고속도로에서는 자율주행 기능으로 이동한 뒤 다시 부산의 운전사가 배턴을 터치하듯 이어받는다. 이러한 시스템의 실현 가능성은 충분하다.

현재 화물 운송 시장에서는 브로커 회사가 이 일을 담당하고 15~20퍼센트의 수수료를 챙기고 있지만, 우버는 이 수수료를 없애고 수요와 공급의 법칙에 따라 실시간으로 화물 운송 가격을 제시할 계획이라고 한다.

물론 회의론도 없지는 않다. 사람은 차량의 미세한 움직임이나 차량 내부의 상대 운전자 눈빛 등을 통해 앞으로 일어날 일을 예견할 수 있다. 그러나 컴퓨터는 아직 그러지 못한다. 미국 피츠버그에서 벌어지는 우버의 실험도 자세히 들여다보면 매우 제한적으로 이루어진다는 것을 알 수 있다. 피츠버그에서 우버를 부른다고 무조건 자율주행차가 오는 것은 아니다. 출발 위치와 목적시, 주행 거리, 고객의 선호 등에 따라 자율주행차가 배정될 수도 있고, 그렇지 않을 수도 있다. 자율주행차는 극히 제한된 구간만 운행할 수 있기 때문이다. 이 때문에 관련 시장에서 최초 주자라는 이미지를 갖기 위한 마케팅 차원의 노력일 뿐이라는 시각도 있다.

특히 한국의 도로 상황에서는 자율주행차를 도입하기가 쉽지 않다. 예컨대 강남처럼 도로 여건이 좋은 곳이라고 하더라도, 차선 변경을 하려고 깜빡이를 켜면 옆 차선 차량이 오히려 더 빨리 달린다. 이런 곳에서는 레벨3 수준의 자율주행차라고 해도 대응하기가 쉽지 않다.

우버를 불러 자율주행차가 배정됐을 때 소비자들이 과연 받아들일 수 있느냐는 것도 문제다. 사람들은 단 한 건의 오류도 받아들이지 못한다. 컴퓨터에 대한 신뢰가 쌓여 수용할 수 있는 시대가 되려면 예상보다 훨씬 긴 시간이 필요할지도 모른다.

자율주행차가 만드는
걷기 좋은 도시

　　　　　　　　　　자동차가 많지 않았던 시절에는 쉽게 볼 수 있
던, 동네 골목길에서 공놀이를 하는 아이들은 이제 찾아보기 힘들다. 거리를 자동차에
빼앗겼기 때문이다. 그뿐 아니라 건물을 지을 때는 건축법에 따라 반드시 주차 면적을
확보해야 하다 보니, 집이나 상업 공간의 면적이 그만큼 줄어들 수밖에 없다. 자동차는
이렇게 도시 공간의 모습을 바꿔 왔다.

　영국의 주차 서비스 업체인 저스트파크JustPark(옛 파크앳마이하우스)의 설문 조사에
따르면, 영국의 운전자들은 일생 동안 106일을 주차장을 찾으며 헤맨다. 복잡한 도시인
런던에서 주차장을 찾는 데 평균적으로 필요한 시간은 20분이다. 자동차는 사람들에
게 편리함을 안겨 주기도 하지만 이런 시간 낭비도 강요한다. 자동차는 사람들의 삶에
도 막대한 영향을 주고 있다.

　자동차는 도시를 만들고, 도시는 인간의 삶을 만든다. 그런데 우리의 자동차 사용법
이 지금과 완전히 달라진다면? 컴퓨터가 운전하는 완전 자율주행차가 등장하면 우리
의 도시, 우리의 삶은 어떻게 바뀔까?

　자동차 업체 아우디의 '도시 미래 이니셔티브'는 2015년 스페인 바르셀로나에서 열
린 '스마트시티 엑스포 세계회의 2015'에서 미국 보스턴의 서머빌 지역을 위한 미래 도
시계획 전략을 공개했다. 그 전략에서 아우디는 자율주행차가 스스로 주차를 하면 사
람이 문을 열고 내릴 필요가 없기 때문에 자동차 옆에 사람이 서 있을 만한 작은 공간
조차 필요 없어진다고 보았다. 사람은 원하는 곳에서 승하차를 하고, 자율주행차 스스
로 주차장까지 찾아가 주차할 수 있게 되기 때문이다. 주차 빌딩에서는 사람을 위한 계
단이나 엘리베이터도 필요 없어진다. 이런 논리에 따라 전체 주차장의 62퍼센트에 해당
하는 면적을 줄일 수 있다. 이는 서머빌 지역에서 새로운 개발계획을 세울 때 주차장 건
설에 필요한 비용으로 따져 보면 무려 1억 달러(1115억 원)에 해당하는 수준이다. 미국

보스턴의 건축회사인 애로스트리트Arrowstreet는 자율주행차가 우리의 건물과 도시 환경을 근본적으로 변화시킬 것이며, 그 예로 2035년까지 주차장 수요가 57억 제곱미터(여의도 면적의 약 2000배) 줄어들 것으로 예측했다.

애로스트리트의 디자이너 에이미 코트Amy Korte는 《보스턴닷컴boston.com》과의 인터뷰에서 2018~2025년에 자율주행차가 인간보다 훨씬 정확하게 주차할 수 있게 될 것이라고 밝혔다.• 주차장 한 면당 1.95제곱미터 정도를 줄일 수 있게 되어 전체 주차 면적도 줄어든다. 그는 "주차 빌딩으로 쓰던 건축물을 주거 공간이나 호텔, 오피스, 매장 등으로 활용할 수 있게 된다"고 설명했다.

여기서 끝이 아니다. 자율주행차의 등장은 우리 도시의 물리적 형태를 좀 더 크게 바꿀 수 있다. 테슬라의 일론 머스크Elon Musk 대표는 자율주행차로의 전환은 자율주행차 소유자 네트워크를 통해 서로가 서로에게 자동차를 빌려 주는 식으로 이루어질 것이라고 내다보았다. 이는 필연적으로 차량 공유 서비스와의 결합으로 이어지게 된다.

영국 왕립자동차클럽재단이 세계 84개 도시를 대상으로 조사해 보니, 승용차의 하루 평균 운행 시간은 61분에 불과했다. 이는 하루 스물네 시간 중 95.8퍼센트는 주차장에서 자리만 차지하고 있다는 뜻이다. 이 조사에서 서울은 주차 시간이 하루 중 92.3퍼센트로 나왔다. 서울연구원이 서울 시민 1000명을 대상으로 설문 조사를 한 결과가 담긴 〈서울 시민 승용차 소유와 이용 특성 분석〉 보고서를 보아도 사람들은 자동차를 주차장 안에 그저 모셔 두고 있다. 서울 시민의 평균적인 승용차 이용은 주중 3.8통행, 주말 1.7통행에 그쳤다. 1통행이란 집에서 회사까지 가는 식의 주행 한 차례를 의미한다. 그럼에도 세금과 감가상각비, 주차 요금 등으로 매달 78만 원씩 쓰고 있었다.••

스스로 움직이는 자동차가 있고 그것을 적극적으로 활용할 수 있는 차량 공유 서비스가 확산된다면, 이런 '낭비'를 그대로 놔둘 리 없다. 내 차를 주차장에 그저 세워 놓기보다는 차량 공유 서비스에 맡기는 일이 늘어날 수밖에 없다. 아니, 오히려 소유 자체를 하지 않으려 할 것이라는 전망이 더 우세하다. MIT의 카를로 라티Carlo Ratti 센서블 도시연구소 디렉터가 도시 전문 매체 《커브드》에서 설명한 내용을 들어보자.

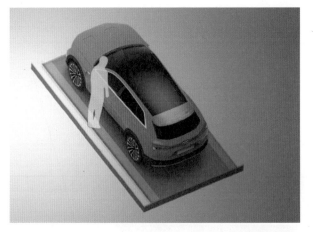

자율주차 시스템과 공간

자율주행차의 등장은 주차 공간을 어떻게 줄이고, 인간의 삶을 어떻게 바꿀 수 있을까? 아우디의 '도시 미래 이니셔티브'는 이 질문에 대한 답을 이런 그림으로 명쾌하게 보여준다. 단순히 자동으로 주차만 가능하더라도 사람이 문을 열고 차 안에 들어가고 나올 때 필요한 공간을 줄일 수 있다. 자료 출처: 아우디

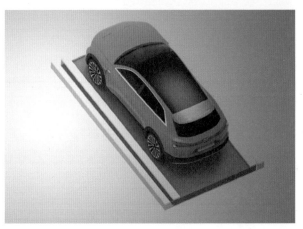

• "How the self-driving car could eliminate the parking garage in Boston", *Boston.com*, Feb 23, 2016, https://www.boston.com/cars/ news-and-reviews/2016/02/23/ how-the-self-driving-car-could-eliminate-the-parking-garage-in-boston.

•• 《서울 시민 승용차 소유와 이용 특성 분석》, 안기정, 2015년, 서울연구원.

••• "How Driverless Cars Can Reshape Our Cities", *Curbed*, Feb 25, 2016, https://www.curbed. com/2016/2/25/11114222/how-driverless-cars-can-reshape-our-cities.

"자동차 공유 서비스의 등장으로 차량 소유는 이미 줄어들고 있어요. 공유 차량 1대가 10~30대의 차량 소유를 줄인다고 평가되고 있습니다. 자율주행차는 이런 추세를 더욱 강화하게 되지요. 사적 소유와 공유 사이의 구분이 점점 모호해지기 때문입니다. 당신의 차는 아침에 당신을 태워 주고 주차장에 그냥 서 있는 게 아니라 다른 사람들을 태워 주고 다니게 될 테니까요."•••

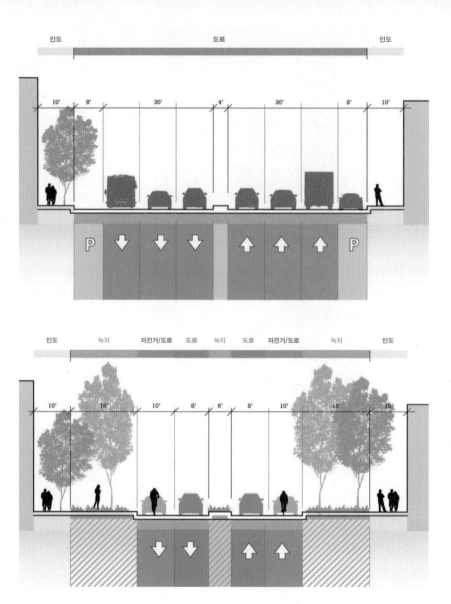

미국 샌프란시스코 19번 스트리트 상상도

자율주행차 때문에 자동차 운행량이 감소하면 도로 폭이 줄어들면서 그만큼 사람들이 쓸 수 있는 공간이 넓어진다.

사진 출처: 게리 티어니, 퍼킨스+윌(Gerry Tierney, Perkins+Will)

자동차 소유의 종말은 도로를 주행하는 차량의 수도 크게 줄이게 될 것이다.[•] 주차장은 더욱더 줄어들 것이고, 그 공간은 다시 인간을 위해 주거용이나 상업용, 공원 등으로 사용될 수 있다.

자율주행차는 인간의 삶도 바꾼다. 교통 체증은 대부분 사람들이 주차 공간을 찾으러 다니며 헤매는 데에서 비롯된다. 그러나 자율주차는 이 문제를 해결해 준다. 자율주차가 가능한 자동차가 등장하면 어떤 풍경이 연출될까?

영국 런던의 발레파킹 서비스 업체인 발리의 서비스 내용에서 답을 엿볼 수 있다. 이용자가 발리 서비스 구역에서 목적지를 설정해 두면, 차에서 내리는 즉시 발리 직원이 찾아와 주차를 대신 해준다. 스마트폰으로 내 차의 위치를 확인할 수 있고, 필요하면 15분 안에 차를 되돌려받을 수 있다.

이 모든 서비스를 인간 대신 컴퓨터가 해준다면, 한 시간에 5파운드(7200원)에 해당하는 발리의 서비스 요금도 낼 필요 없이 주차의 고통에서 해방될 수 있다. 미국 프린스턴 대학의 자율주행차 연구원인 앨런 L. 콘하우저Alain L. Kornhauser는 도시 전문 매체인 《커브드》와의 인터뷰에서 이렇게 말했다. "사람들이 주차 때문에 시간을 허비하는 것은 과거의 일이 될 겁니다. 만약 풋볼 게임을 보러 간다면, 내 차는 굳이 내 곁에 있을 필요가 없어요."[••]

자율주행차가 등장하면 주차장과 도로의 자동차를 줄이고, 그 공간을 사람을 위해 쓸 수 있게 된다. 자동차가 배출하는 탄소량이 줄어들고, 교통 체증과 교통사고도 획기적으로 줄어들 수 있다. 여기에 한 가지 더 큰 미덕이 있다. 교통사고 사망자를 큰 폭으로 줄일 수 있다는 점이다. 전 세계에서 교통사고로 사망하는 사람은 매년 1200만 명에

• 우버와 리프트 등 공유 차량 3000대를 이용한다면 1만 3000여 대에 달하는 뉴욕의 택시를 완전히 대체할 수 있다는 보고서가 나오기도 했다. 물론 차량 1대가 최대 4명을 함께 태운다는 전제가 있긴 하지만 말이다. http://www.pnas.org/content/early/2017/01/01/1611675114.full.pdf.

•• "Why high-tech parking lots for autonomous cars may change urban planning," Curbed, Aug 8, 2016, http://www.curbed.com/2016/8/8/12404658/autonomous-car-future-parking-lot-driverless-urban-planning.

달하고, 미국의 경우 전체 사망 사고의 94퍼센트가 인간의 실수에서 비롯된 것으로 파악되고 있다. 안전보다 더 소중한 것이 있을까?

자율주행차 관련 업체들의 전망과 예측을 보면, 2021년쯤이면 완전 자율주행차가 등장해 스트리밍 서비스처럼 가입해서 차량을 사용하는 시대로 변하며, 2025년까지 차량 소유가 급격하게 줄어든다고 한다. 우리가 보지 못했던 새로운 도시가 등장하는 데까지 채 10년도 남지 않았다는 뜻이다. 우리는 미래 도시를 눈앞에 두고 있다.

리프트의 지머 회장이 그리는 도시

미국에서 우버와 쌍벽을 이루는 차량 공유 서비스 업체인 리프트의 존 지머John Zimmer 회장은 2016년 9월 18일, 자율주행 기술이 가져올 변화에 대한 글을 공개했다. 그가 '미디움'이라는 이름의 블로그에 올린 이 글*은 자율주행 기술이 차량 공유를 빠르게 확산하고, 결국 우리가 과거에 경험했던 아름다운 도시인 '걷기 좋은 도시'로의 변화를 이끌 것이라고 강조했다.

우리가 말하는 미래는 항상 현실 속에서 쉽게 찾을 수 있다. 상상을 펼칠 필요가 없다. 이미 우리 앞에 와 있기 때문이다. 테크놀로지의 발전 상황, 투자의 움직임 등을 따져 보면 곧 다가올 미래를 구성하는 기술이 무엇인지 쉽게 알 수 있다. 그렇다면 우리는 그저 그 기술의 상용화, 기술의 도래를 넋 놓고 기다려야 할까? 결코 그래서는 안 된다. 우리는 반드시 비전을 가져야 한다. 그 비전이란 기술의 상용화에서 우리가 조정하고 움직일 수 있는 부분에 대한 우리의 의지다. 리프트의 지머 회장은 바로 그 점을 강조했다. "그래 기술은 바뀌고 있어. 자율주행차와 공유 서비스가 결합될 거야. 그때 우리가 지향해야 하는 것은 바로 인간 중심의 도시야!" 단순히 미래를 예측하고 자신의 사업에 대한 가능성을 제시하는 데 머물지 않고 우리가 살고 있는 도시에 대한 비전을 제시한 그는 훌륭한 도시계획가라고 부르지 않을 수 없다. 물론 그의 글에서는 다분히 자신의 회사인 리프트가 얼마나 선의에 가득 차 있는지 홍보하려는 의도가 엿보인다. 하지만 그렇다고 해서 그의 주장이 지향하는 가치가 희석되지는 않는다. 나는 그의 글을 토대로 자율주행차와 공유의 시대가 만들어 내는 새로운 도시에 대해 논의해 보고자 한다.

존 지머 리프트 회장
출처: 리프트

개발 시대가 한창일 때 만들어진 우리의 도시는 자동차만을 위한 도시로 만들어지고 말았다. 마침 자동차가 등장하고 제2차 산업혁명이 폭발할 때 그 흐름을 잡아탄 우리의 도시 서울은 도로망을 우선으로 한 자동차 도시로 진화했다고 해도 과언이 아니다. 건물을 지을 때도 주차장 확보가 가장 중요하고, 거리를 지나다닐 때도 자동차 통행이 우선한다. 사람들은 소외되어 왔다.

사람의 소외와 더불어 우리의 값비싼 도시 공간마저 자동차에 빼앗겼다는 사실은 너무나도 안타까운 일이다. 텅 비어 있는 거대한 옥외 주차장은 적당히 살 곳을 찾지 못해 경기도로 밀려나는 사람들의 모습과 대조된다. 미국에서는 자동차를 이용하는 시간이 하루의 4퍼센트에 그친다고 한다. 하루의 나머지 96퍼센트는 주차되어 있는 시간이다. 이 아까운 자원은 공유경제 서비스가 등장하며 활용되기 시작했다.

2006년 1월 리프트는 온디맨드(호출하면 바로 대응하는 시스템) 자율주행차 네트워크를 만들기 위해 GM과 파트너십을 맺었다. 지머 회장은 이렇게 말했다. "만약 당신이

• John Zimmer, "The Third Transportation Revolution: Lyft's Vision for the Next Ten Years and Beyond," Sep 18, 2016, https://medium.com/@johnzimmer/the-third-transportation-revolution-27860f05fa91#.sh187kk2t.

샌프란시스코나 피닉스에 살고 있다면 5년 안에, 리프트로 차량을 부르면 완전 자율주행차가 찾아오는 경험을 하게 될 것입니다." 앞서 언급했듯이, 우버는 자율주행차 운행 서비스를 2016년에 이미 시작했다.

이 새로운 시대는 자동차 소유의 종말을 이끈다. 앞에서 이미 한 차례 언급했듯이, 자율주행차가 등장하면 저절로 자동차 소유에 대한 개념도 희박해진다. 스스로 움직이는 차를 집 안에 모셔 둘 이유가 없으니 우버나 리프트 같은 자동차 공유 업체에 맡길 가능성이 높고, 그렇게 되면 차량 소유 자체가 무의미해지기 때문이다. 내 차를 남들이 타고 남의 차도 내 것처럼 쓰는데, 굳이 차량을 소유했을 때 감당해야 할 리스크를 짊어질 이유가 없다. 미래의 자동차 소비자가 될 세대인 밀레니얼은 자동차에 대해 소유보다는 접근권의 시각으로 바라본다.

지머 회장은 다음과 같이 강조했다. "넷플릭스와 스트리밍 서비스 때문에 DVD를 소유하려 하는 사람은 거의 없습니다. 스포티파이(유럽의 '멜론')는 CD와 MP3를 소유하지 않아도 되게끔 만들어 주었죠. 우리는 자동차 역시 이런 길을 걷게 될 것이라고 생각해요. '서비스로서의 교통'으로 완벽하게 전환하게 되는 것이죠."

이런 변화는 차량 소유의 종말을 이끈다. 리프트는 향후 5~10년은 사람이 운전하는 자동차와 자율주행차를 도로에서 동시에 볼 수 있는 '하이브리드 네트워크' 시대로 보며, 2025년까지 자동차 소유가 DVD의 길을 걷게 될 것이라고 전망한다. 주차장에서 노는 자동차가 사라지고, 도로 사용량이 크게 떨어지게 된다는 뜻이다. 자동차로 채워져 있던 공간이 빈 공간으로 바뀌는 순간, 우리는 도시를 다시 디자인할 기회를 얻게 된다. 이 기회를 두고 지머 회장은 '제3차 교통혁명'이라고 표현한다. 앞선 두 번의 교통혁명은 기차와 자동차에 의해 이루어졌다. 지머 회장은 이렇게 말했다. "1860년의 제1차 교통혁명은 미국 전역에 총 3만 마일(4만 8280킬로미터)에 달하는 기찻길이 깔린 일이었습니다. 기찻길이 연결되면서 커뮤니티와 경제와 사람들이 연결되었죠. 이런 교통 네트워크에 따라 시카고와 볼티모어, 로스앤젤레스 같은 도시가 번성하게 되었습니다. 그리고 다음 세기에 자동차 소유의 악순환이 시작되었습니다. 자동차가 거리에 가득 차면

리프트의 휴대전화 앱 화면
사진 출처: 리프트

서 도로가 도시를 가득 채우게 되었죠. 제2차 교통혁명에 의해 커뮤니티는 분절되었고, 우리는 점점 더 자동차를 필요로 하게 되었어요."

　인류는 이 같은 제2차 교통혁명의 부작용을 극복할 기회를 맞게 된 것이다. 사실 우리 인류는 이미 자동차가 지배하는 도시에 회의감을 갖고 '걷기 좋은 도시'의 이상향을 만들기 위한 논의를 시작했다. 자동차가 크게 감소한 도시는 바로 이 '걷기 좋은 도시'를 제대로 구축하기에 좋은 토대가 될 것이다. 자동차만을 위한 도시에 질려 버린 우리는 드디어 인간을 위한 도시를 만들 절호의 기회를 눈앞에 두고 있다.

　지머 회장은 자신의 회사가 불러올 기계혁명을 정말로 멋지게 풀어냈다. 그의 곁에는 분명 훌륭한 도시 전문가가 있으리라. 그러나 분명히 지적해야 할 점이 있다. 도시는, 아니 사회는 항상 양면적이다. 자율주행차의 도입, 공유차량의 도입은 분명 커다란 역효과를 불러올 수밖에 없다. 당장 떠오르는 문제는 바로 직업의 종말이다. 그가 비전으로 내세운 걷기 좋은 도시, 사람을 위한 도시는 사실 '직업의 종말'이라는 인간의 비극을 먹고 자란다.

　미국 백악관은 이 문제를 심각하게 바라보고 있다. 백악관은 보고서 〈인공지능, 자동화 그리고 경제Artificial Intelligence, Automation, and the Economy〉에서 시점은 명시하지 않았으나 자율주행차가 상용화될 경우 미국의 택시(우버 포함) 기사 54만 명 가운데 45만 명이 실직하게 될 수도 있다고 평가했다.

도시의 차량이 사라지면 공해가 사라지고, 교통 체증도 사라진다. 그러나 노동자도 함께 사라진다. 노동자가 사라진 도시는 활력을 잃는다. 도시는 생산과 소비가 집중되면서 나타나는 활력이 핵심이다. 거리 양옆에 볼거리가 많아 걷기 좋은 도시가 만들어진다고 하더라도, 이곳을 즐기기에 충분한 소득을 가진 소비자가 없다면 '유령 도시'로 전락할 수밖에 없다. 도시는 성장할수록 청소를 하는 등의 직업을 가진 사람들, 도시를 유지·관리하는 인프라를 스스로 도시 외곽으로 내몰게 된다.

자율주행차 같은 기술은 또 기술에 적응한 사람과 그렇지 못한 사람을 명백하게 구분하게 될 것이다. 지금도 서울에 올라온 지방 사람들은 복잡한 시스템 속에서 두려움에 떠는 눈으로 도움을 요청해 보지만, 도움의 손길을 받기란 쉽지 않다. 각자가 손에 쥔 스마트폰으로 길을 찾고 있으니, 돌아오는 답변은 "휴대폰으로 검색해 보세요"가 될 가능성이 높다. 스마트폰으로 각자가 제 길만을 걷게 되는, 곧 닥쳐올 미래에는 이런 소외 현상이 더욱 심화될 가능성이 높다. 우리는 항상 도시의 양면성을 함께 살피고 도시의 본래적 기능에 대해 다시 한 번 고민하고, 문제점을 보완할 방법을 미리 고민해 두어야 한다.

과거와 미래를 잇는 서울의 재구성

자본주의 도시의
힘

자본주의 도시는 자본을 먹고 큰다. 이 책은 철저히 그 관점에서만 기술했다. 자본주의의 도시에서 허름한 건물은 자본의 투입 없이 결코 깨끗한 상태로 되살려 낼 수 없다. 자본이 모여야 노후한 건물이 하나씩 새롭게 바뀌고, 건물의 작은 변화가 모여 도시 전체를 조금씩 바꿔 나간다. 이것이 도시재생이고, 그 과정에서 부작용으로 동반될 수 있는 현상이 젠트리피케이션이다.

그렇다면 자본은 어느 공간에 투입될 것인가? 이 질문에 대한 답을 강남을 빗대어 설명해 보자. 사람들은 어떻게든 강남 커뮤니티에 입성하려 하고, 거기서 튕겨 나오지 않으려고 발버둥친다. 돈이 모이는 공간적 커뮤니티는 그 흐름이 일정 수준을 넘어서는 순간, 피드백 시스템이 작동하며 '쏠림' 현상으로 이어지게 된다. 자본의 쏠림은 중심지를 만들어 낸다. 중심지로서의 지위가 형성되는 과정이 곧 젠트리피케이션 현상이다.

이 쏠림 현상을 우리가 바꿀 수 있을까? 나는 부정적이다. 인위적으로 바꾸기 힘들 것이라고 생각한다. 공공이 자본의 흐름을 바꾸려면 쏠림 현상이 이루어지고 있는 곳에 모인 자본의 총량보다 더 큰 자본 또는 인센티브를 특정 지역에 주어야 한다. 이 책에서 계속해서 언급했던 서울 동남권과 홍대 권역 이외의 곳으로 흐름을 바꾸려면, 도도한 자본의 흐름을 넘어설 만한 특단의 조처가 필요하다는 뜻이다.

그러나 그와 같은 특단의 조처는 불가능할 가능성이 높다. 예컨대 서울시가 창동과 상계동 일대를 서울 동북권의 문화 중심으로 육성하겠다고 시도한 '플랫폼 창동61'의 사례를 살펴보자. 서울시는 이곳을 홍대 지역 같은 문화 거점으로 만들겠다며 연면적 2456.73제곱미터(744평)의 공간에 음악 공연을 위한 시설과 식당, 카페 등을 지어 넣었다. 그러나 그 이후 주변 지역 상인들은 오히려 피해를 입었다고 호소한다. 플랫폼 창동61에 외부에서 많은 인구가 유입되며 주변 지역에도 긍정적 영향을 주는 '트리클 다운 Trickle Down' 효과를 기대했지만, 상권 확장 없이 그저 기존 상권의 소비자들이 플랫폼 창동61로 이동하는 데 그쳤다. 여기에 투입된 자본은 유동 인구를 늘리지 못했고, 지역 내에서 유동 인구가 한곳에서 다른 곳으로 이동했을 뿐이다. 새로운 곳이 개발되었을 때 유동 인구의 확장이 이루어지지 않는다면, 그저 지역 내에서의 위상 변화만 이끌 뿐이다. 그렇게 되면 옛 상권은 쇠퇴하게 되고, 재생의 기회마저 빼앗기게 된다.

왜 이럴 수밖에 없었을까? 단순하게 자본 규모만 비교해도 답이 나온다. 플랫폼 창동61은 SH공사의 예산 81억 원이 투입되어 건설되었고, 동남권의 핵심 지역인 서울 삼성동 옛 한국전력 부지에는 현대차가 105층짜리 초고층 빌딩 등을 짓겠다며 부지 매입에만 10조 5228억 원을 투입했다. 홍대 쪽에는 수많은 자본이 들어와 호텔을 짓고 매장을 리모델링하고, 마케팅 활동을 벌이고 있다. 이 쏠림의 방향을 인위적으로 바꾸기란 불가능에 가깝다. 다만, 그 쏠림을 지혜롭게 이용하는 방법에 대해서는 분명히 고민할

**서울 삼성동 현대차
글로벌비즈니스센터(GBC) 조감도**
2021년 완공되면 국내에서 가장
높은 (569m) 빌딩으로 기록될 것으로
보인다. 사진 출처 : 서울시

필요가 있다. 그러려면 쏠림의 원인과 결과를 냉철하게 바라보고, 그것을 이용할 방법을 찾아야 한다.

만약 젠트리피케이션이 임대료 상승에 의한 상가임대차 문제와 같은 부작용을 일으
킨다면, 오히려 그곳과 연결되어 있는 다른 지역에 젠트리피케이션을 확산하는 것이 적
절한 대응일지도 모른다. 주거 기능이 반드시 지켜져야만 하는 곳이 아니라면 말이다.
쏠림이 이뤄지고 있는 곳에 상가 건물이 늘어나지 않으면 어떻게 될까? 이미 상권이 된
곳의 임대료가 급등해 상가임대차 문제가 등장할 가능성이 높다. 그럼 어디까지 확장
을 허용하는 것이 바람직한가? 홍대 지역으로 밀려 들어오는 유동 인구의 규모와 균형
을 일으키는 공간적 확장 범위는 아마도 시장이 판단하게 될 것이다.

'왜?'가 없는
도시의 한계

영국 리버풀의 앨버트독Albert dock은 도시재생의 롤모델처럼 여겨지는 중요한 도시다. 1845년 2월 첫 배를 띄운 앨버트독은 이후 80여 년 동안 유럽 최고의 항구도시인 리버풀의 부흥을 이끈 주역이었다. 앨버트독은 거대한 파도가 이는 머지 강의 대형 화물선이 안정적으로 선착할 수 있도록 설계된 갑문식 계선녹 시설이었다. 'ㅁ'자 형으로 접안 공간을 완전히 감싸는 형태의 최초의 독이기도 했다.

화물선을 이용한 무역이 상당 부분 증기기관 열차로 대체되면서 이곳은 걷잡을 수 없을 정도로 쇠퇴했다. 배가 떠 있어야 할 독 안에 머지 강에서 흘러 내려온 온갖 쓰레기와 진흙 더미가 쌓여 있을 정도였으니 그 쇠퇴의 정도가 어느 정도였는지 상상할 수 있을 것이다.

이 쇠퇴를 극복하려는 시도는 꾸준히 이어졌다. 그러던 1970년대 초에 부동산 개발 바람이 불었다. 수많은 제안이 쏟아져 들어왔다. '정부 공관을 옮겨 공무원들을 위한 사무용 공간으로 만들자'는 제안도 있었고, 창고를 모두 부수고 주거용 부동산으로 개발하자는 방안도 제시되었다. '리버풀 폴리테크닉(현 리버풀 존 무어스 대학)' 이전 계획, 앨버트독에 흙을 채우고 창고는 부숴 세계무역센터와 사무용 빌딩으로 채우자는 계획, 테스코 등 대형 쇼핑센터를 집어넣자는 계획이 제기되었다. 심지어 '정부로부터 보조금을 받을 수 있는 쓰레기 매립지로 만들자'는 제안까지 나왔다. 각종 제안의 공통점은 우리가 흔히 알고 있는 철거형 도시개발 수법이라는 것이었다.

우리가 눈여겨봐야 할 대목은 개발 사업과 다를 바 없는 모든 제안이 논의 과정에서 거론되었다는 점이다. 정부 공관이든, 주거용 부동산이든, 쓰레기 매립지든 모두 이 공간의 장소적 특성과 어울리지 않았고, 향후 유지 관리에 필요한 적당한 수요와 경제적 타당성을 찾지 못해 접을 수밖에 없었다. 리버풀은 수많은 제안 가운데 기존의 건물을 그대로 유지하고 관광용으로 쓰자는 제안을 선택했다. 당시의 논의를 들여다보면, 그것이 성공할 것이란 확신은 그리 충분하지 않았던 듯하다. 건물을 고유의 모습 그대로 써 보자는 결정을 내린 뒤 앨버트독을 뜯어 보니, 2350만 개의 붉은 벽돌로 지어진 핵심 건축물인 창고는 모진 세월의 흐름을 견뎌 내 튼튼한 상태였다. 이를 재활용하니 경제적 타당성이 크게 높아졌고, 테이트모던과 비틀스스토리 같은 세입자들을 적절하게 집어넣으면서 성공 가능성이 크게 높아졌다. 재생은 이렇게 복잡하면서도 세세한 노력이 필요한 작업이다. 작은 노력 여럿이 모여 하나의 성공을 만들어 낸다.

문제는 이런 방식이 한국에 수입되면서 시작되었다. '오피니언 리더'들은 이런 종류의 사례들을 이른바 '해외의 우수 사례'라며 마구잡이로 수입해 왔고, 옛 건물을 그대로 쓴다는 점에만 초점을 맞췄다. 그 후 이런 '롤모델'은 도시재생의 상징처럼 여겨지게 되었다. '도시재생=옛것 지키기'라는 경직된 신화가 만들어지게 된 것이다. 그러나 그것이 답이 아닐 가능성이 많다. 이제는 마구잡이로 건물만 지으면 무조건 성공하던 시대와 달리 그 지역의 장소적 특성과 잠재력을 최대한으로 이끌어 낼 수 있도록 세밀하게 장치를 마련해야만 한다. 해외 사례를 롤모델 삼아 발전 전략을 세우는 '사다리 타기'가 통하는 시대는 이미 끝났다. 각각의 경우가 서로 다른 장소성과 특수성을 가지고 있기 때문이다.

　이런 모양새는 한국 사회가 지금에 이르는 과정과 크게 달라 보이지 않는다. 우리나라는 지금까지 '왜?'가 없는 나라였다. 굶주림에 시달리는 저개발국이었던 우리에게 과정을 따지고, 이유를 묻는 것은 사치였다. 개발 시대에 우리나라는 절차적 과정보다는 리더가 들고 있는 깃발을 빠르게 따라가는 방식이 더욱 효율적이었다. 박정희식 경제개발 모델로 자리 잡은 상하가 확실한 군대식 조직 문화는 선진국에서 '롤모델'을 그대로 가져와 '목표'로 삼고 선진국을 따라잡는 데 적절했다. 우리나라는 이 모델을 이용해 대량 생산을 바탕으로 하는 2차 산업의 꽃을 피울 수 있었다.

　그러나 세계의 흐름은 이제 컴퓨터·정보기술 혁명인 3차 산업혁명을 넘어 4차 산업혁명의 시대로 넘어갔다. 4차 산업혁명은 개개인의 창의성을 토대로 움직이는 경제로의 전환을 의미한다. 모두가 인터넷을 통해 지식을 공유하고, 스마트폰이라는 엄청난 컴퓨터 프로세싱 능력을 갖춘 작은 기기를 손에 들고 있는 시대에 개개인의 능력은 전

영국 리버풀 앨버트독의 전경
옛것을 그대로 유지하며 관광객을
끌어들인 리버풀의 앨버트독은
도시재생의 롤모델로 여겨지고 있다.

문가를 뛰어넘기 시작했다. '태양 입자 사건의 세기와 지속 시간'을 미리 예측할 방법을 찾고자 했지만 실패했던 미국 항공우주국National Aeronautics and Space Administration, NASA이 이 문제를 해결한 것은 바로 일반인들을 대상으로 한 공모를 통해서였다. 그 문제를 푼 사람은 천체물리학계에 속한 인물이 아니라 은퇴한 무선 주파수 기술자였다. 페이스북의 VR 기기를 개발한 파머 러키Palmer Luckey는 채 스무 살도 되지 않은 나이에 부모님의 차고에 틀어박혀 오큘러스를 개발했다. 이 협력과 공유의 시대에, 그 속에서 창의성이 뿜어져 나오는 시대에 외국에서 벌어지는 롤모델만 그대로 베끼는 일이 성공할 수 있을까? 당연히 그럴 수 없다.

이와 마찬가지로 '옛 건물의 보존'이라는, 도시재생의 여러 겉모습 중 하나만 그대로 베낀다고 해서 도시재생에 성공할 수는 없다. 동네마다 동네의 사정이 있고, 서로 다른 사람들이 다른 형태의 삶을 추구하며 살고 있다. 각각의 지역마다 부동산 수요는 서로 다를 수밖에 없다. 그럼에도 우리는 이렇게 바뀐 세상 속에서 너무나도 구태의연하게 옛 관습에 따라 움직이고 행동하고 있다. 우리는 더 이상 깃발을 향해 전진하는 군대가 되어서는 안 되며, 그럴 수도 없다.

도시는 개개인의 삶을 지탱하는 중요한 토대로서의 하드웨어다. 그런 점에서 도시는 인간 개개인의 삶의 디테일에 막대한 영향을 줄 수밖에 없다. 도시가 사람의 삶과 밀접한 관련을 맺고 있는 만큼, 도시를 기획하는 이들은 사람의 생각과 감응하는 속도를 고려하지 않으면 안 된다. 그것은 바로 '수용성'에 대한 이야기이기도 하다. 사람들이 새로운 방식을 받아들이기 위해서는 논리적 과정이 반드시 필요하다. 그 과정을 다시 살려내야 한다. 그것이 우리 도시를 풍요롭게 만드는 유일한 길이다. 지금처럼 공동체주택 등의 공유경제를 대거 도입할 수밖에 없는 상황에서 또다시 중요한 과정을 건너뛴 채 그저 롤모델을 베끼는 식으로 진행한다면, 지금까지 도시재생 과정에서 거쳤던 혼란을 앞으로도 계속해서 겪을 수밖에 없다.

이 책에서 강조하고자 했던 것이 바로 이 점이다. 단지 새로운 트렌드만을 소개하는 데 그치지 않고, 새로운 트렌드가 올 수밖에 없는 과정과 상황을 논리적으로 풀어내려 했다. 왜 지금 젠트리피케이션과 재생건축이 등장할 수밖에 없는지, 코리빙이 왜 확대될 수밖에 없는지에 대해 우리 삶에 직결되어 있는 문화·경제적 요소로 풀어내려 했다.

Cheesecake Cupcake

Chicken Ban...   1

Sparkling Orange   2

아마존고의 시범 매장 모습
계산대 없는 '무인매장'을 표방한 아마존고의 등장으로 우리 도시의 모습은 또 한 번 크게 바뀔 것으로 보인다. 사진 출처 : 유튜브 캡처

새로운 테크놀로지의 도래가 우리의 도시를 어떻게 바꾸고, 우리의 삶을 어떻게 바꿀지에 대해 고민한 점도 같은 맥락이다. 우리가 지금 이 시점에 반드시 고민해야 할 지점들에 대해 주제를 던지고 싶었다. 2016년 말, 미국에서는 계산대 없는 쇼핑몰인 '아마존고Amazon Go'가 등장했다. 인공지능이 소비자가 매대에서 골라 장바구니에 집어넣은 상품을 자동으로 계산해 주는 자동 결재 시대가 시작되었다. 이 놀라운 기술의 진화는 아마도 계산대에서 일하던 수많은 노동자들의 직업을 뺏을 것이다. 그뿐 아니라 우리 도시의 모습을 크게 바꿔 놓을 수도 있다.

온라인 쇼핑몰이 도심 공동화를 가져올 것이라고 우려하던 도시학자들은 이제 다른 생각을 하게 되었다. 아마존고 같은 쇼핑몰이 확대된다면, 오히려 온라인이 아니라 오프라인 쇼핑이 더욱 활성화될 가능성이 높다. 집으로 돌아가던 소비자가 다시 도심으로 찾아와 서로 모이고 교류하게 되면 도시적 매력은 더욱 높아질 수도 있다. 아마존고 같은 곳이 자유롭게 즐기는 공원 같은 공간으로 변모할 수도 있다. 계산대 없는 매대에서 음식을 집어 그 자리에서 바로 까먹으며 그 옆에서 벌어지는 버스커 공연을 즐길 수도 있다. 도시의 관점에서 보면 이렇게 기술의 진화는 새로운 그림을 그리게 만들 수도 있다. 테크놀로지에 의해 만들어진 '또 다른 새로운 세상'이 외국에서 먼저 펼쳐졌고, 국내에 도입될 수도 있다. 그 '미래'에 대해 생각해 보자. 우리 도시는 또다시 외국의 누군가가 열심히 그려 놓은 그림의 결과만을 보고 베껴서는 안 된다. '왜?'라는 과정을 배제한 '사다리 타기' 전략은 이제 더 이상 유효하지 않다. 미래에는 물론이며 이미 지금도 그렇다. 이제는 디테일의 시대다. 디테일을 누가 먼저 파악하느냐에 따라 승자가 갈릴 것이다.

재생의 시대,
우리의 도시

이 책이 그리는 큰 그림은 서울이라는 도시의 '재생'이라 보아도 무방하다. 도시재생을 시대의 필요나 공간적 수요에 적합하게 도시가 적응해 가는 과정이라고 정의한다면, 도시재생이 곧 도시를 재구성한다고 설명할 수 있기 때문이다. 그렇다. 변화의 흐름이 자본에 의해 나타나는 쏠림 현상은 젠트리피케이션이라는 현상으로 드러났으며, 그 속에서 해법을 찾아가는 과정이 바로 코리빙과 공유경제다.

아울러 코리빙은 도시재생의 수단이기도 하다. 현재 한국에서 등장하는 공동체주택 사업은 사실상 전전대(임대 후 재임대)라고도 할 수 있다. 청년들을 위한 공동체주택 공급 업체인 우주woozoo를 사례로 들어 보자. 우주는 건물주에게서 방을 임대받은 뒤 청년들의 취향에 맞게 리모델링해 재임대를 한다. 코워킹 공간으로 유명한 위워크 역시 이 범주를 벗어나지 않는다. 위워크 역시 건물을 임대받은 뒤 리모델링을 해 입주자들을 찾는다. 이들은 여기에 네트워크의 가치를 얹었다. 우주가 청년들이 모인 공간으로서 새로운 가치를 창출한다면, 위워크는 한 공간에 함께 끌어들인 기업들은 물론 세계에 펼쳐져 있는 입주 기업들과의 네트워크를 무기로 위워크만의 가치를 만들어 낸다. 이렇게 추가적인 가치가 더해지면서 비어 있던 건물이 수익을 극대화하는 구조로 바뀌게 된다. 쿠움파트너스 역시 '지금 이 순간' 잘못 쓰이고 있는 건물이 가지고 있는 본연의 쓰임새를 찾아내는 데 탁월한 능력을 발휘하고 있다. 이들 모두 '임차인 사회'의 흐름을 제대로 붙잡은 사례라고 볼 수 있다.

자신의 건물을 이용할 만한 적당한 수요를 찾아내지 못하던 건물주가 공동체주택 사업자에게 맡겨 적절한 수요를 연결한다는 점에서 이들의 사업은 전전대이면서, 동시에 작은 규모의 도시재생이라고도 말할 수 있다. 건물주가 제대로 된 방향을 잡지 못하고 있을 때 전전대 사업자가 임대의 방향을 잡는다.

이것이 바로 우리가 발견할 수 있는 중요한 키워드 가운데 하나다. 임대의 방향을 잡는다는 것은 결국 그 건물이나 지역에 시기적으로 어울리는 용도를 찾아내는 일이다. 이런 식으로 잘 사용되지 않는 건물을 제대로 쓰게 되는 사례가 공간적으로 확대되면 그것이 바로 도시재생이다. 한마디로 정의하면 도시재생이란 원래 용도가 다한 동네에서 새로운 용도를 찾아내고, 그 용도에 맞게 건물과 동네를 새롭게 디자인하는 일이라고 할 수 있다.

공유경제라는 좀 더 큰 틀의 개념 역시 마찬가지다. 대표적인 공유경제 사업자인 에어비앤비의 경우를 보자. 에어비앤비의 호스트는 유휴 자산인 자신의 방에 대한 특장점을 제일 잘 안다. 그 방이 있는 동네에 대해서도 잘 안다. 그렇다면 그 방을 이용할 사람이 누구인지도 정확하게 찾아낼 수 있다. 이것은 정부나 거대 사업자가 결코 할 수 없는 일이며, 롱테일 법칙이나 크라우드 펀딩의 개념이 적용되는 세계다. 사용되지 않는 방이나 건물에 대해 수요를 적절하게 찾아낸다는 점에서 공유경제는 도시재생의 일부라고 말해도 과언이 아니다.

공유경제는 경제 민주화의 발판이기도 하다. 단일 사업자가 운영하는 기존의 사업과 달리 공유경제는 분산된 개인 모두가 사업자다. 서울시는 서울 마포구의 상암동 1625번지 등 3개 필지의 개발 계획을 두고 고심했다. 롯데쇼핑이 이곳에 초대형 복합 쇼핑몰을 지으려 하고 있기 때문이다. 롯데 쪽이 소유한 3개 필지는 모두 2만 3742제곱미터(7194평)로, 필지들을 통로로 연결하면 영등포 타임스퀘어(3만 4470제곱미터)급이 된다. 롯데쇼핑은 지하와 공중에 연결 통로를 만드는 것을 허용해 달라고 서울시에 요청했다.

그러나 이 일은 경제민주화와 관련이 있다. 이 3개 필지를 모두 연결했을 때의 파괴력 때문이다. 타임스퀘어 같은 초대형 복합 쇼핑몰은 주변 상권이 나눠 갖던 소비 수요를 블랙홀처럼 빨아들인다. 초대형 복합 쇼핑몰은 자동차를 타고 지하주차장에 들어와 쇼핑과 엔터테인먼트, 먹을거리, 의료 서비스 등을 한꺼번에 해결한 뒤 다시 자동차를 타고 집으로 돌아가는 '원스톱' 공간의 대명사다. 자동차로 쉽게 다닐 수 있으니 인접한 서대문구, 은평구까지 3개 자치구의 상권 등에 광역적 영향을 미칠 것이라는 예상도 나온다.

다시 말해, 우리의 도시는 거대 사업자를 우선할 것이 아니라 분산된 개인이 주인이 되는 공유경제를 우선해야 한다. 그런 점에서 공유경제는 경제 민주화의 발판이기도 하다. 수익이 분산되기 때문이다. 거대 기업의 경우 이익을 독식하기 때문에, 우리 국가 공동체를 위한 분배 수단으로 세금이라는 제도를 마련해 두고 있다. 한 기업이 수익을 독식한 뒤 세금을 거둬 다시 분배하는 구조보다는 여러 분산된 개인이 수익을 얻는 방식이 더 합리적이다.

우리에게는 새로운 도시적 수단들이 생겨나고 있다. 공유경제와 테크놀로지가 바로 그런 것들이다. 리프트의 지머 회장이 말했듯이, 도시는 테크놀로지에 의해 크게 변화할 수 있다. 그리고 그 도시는 우리의 삶에 영향을 준다. 우리는 도시라는 실체를 만들어 그 안에서 휩쓸리고, 결국 우리의 삶도 영향을 받는다. 사람은 도시를 만들고, 도시는 사람을 만든다. 도심지 쏠림 현상, 밀레니얼 세대의 등장, 1인 가구의 득세, 공유경제의 확산, 보지 못한 테크놀로지의 구현, 온라인과 오프라인의 연결…… 이 모든 것이 우리의 삶을 만들어 나갈 것이다. 이 모든 것을 이용해 어떤 도시를 만드느냐에 따라 그 결과는 크게 달라질 것이다.

"도시는 인간의 활동을 위한 도구다. 도시는 더 이상 이 기능을 제대로 다하지 못하고 있다. 쓸모가 없다. 도시는 인간의 몸을 소모하고, 그 정신을 받아들이기를 거부한다. 나날이 늘어만 가는 도시의 무질서는 우리를 불쾌하게 만든다. 도시의 타락은 우리의 자존심을 해치고 품위를 깎아내린다. 도시는 이 시대와 맞지 않는다. 더 이상 우리와도 맞지 않는다."

이 말은 근대 건축의 아버지라 불리는 르 코르뷔지에Le Corbusier의 책 《도시계획 URBANISME》의 첫 문장이다. 나는 그의 등장 이후 시작된 모더니즘식 해법들에 대해서는 동의하지 않지만, 그의 진단과 철저히 과학적으로 진행했던 당시의 실행 방식에 대해서는 강력하게 지지한다. 도시는 언제나 변화를 요구한다. 르 코르뷔지에가 활약하던 1900년대 초에도 그랬지만, 시간이 흐르면서 물리적 조건이 악화되고, 사람들이 변하고, 건물과 도시의 용도 역시 변화하기 마련이다. 우리는 언제나 도시를 재구성해야 한다. 그 재구성의 방식이 점점 복잡하고 어려워지고 있다. 지역에 따라, 조건에 따라, 상황에 따라 다양한 해법이 필요하다. 우리는 이제 누군가 훌륭한 리더가 이끄는 대로 따라가면 되는, 그런 시대에 살고 있지 않다.

이제는 끼리끼리 사는 시대다. 페이스북에서는 자신과 생각이 비슷한 사람들과 친구를 맺고 그렇지 않은 사람과의 친구 관계는 끊으며, 같은 취향을 가진 사람들끼리 모인다. 자신의 독특한 취향에 대해 함께 이야기할 만한 사람들은 인터넷 안에 무궁무진하게 많다. 빅데이터 분석은 각자의 작은 취향을 저격하며 맞춤형 광고를 뿌려댄다. 3D 프린터는 다품종 소량 생산을 가능케 해 소비자 개개인의 수요를 충족시키고, 유전자 분석 기술은 맞춤형 의료를 가능케 한다. 같은 공간이라도 같은 VR을 쓰는 사람들끼리만 온전히 그 공간을 공유할 것이다. 다른 이들은 배제된다. 테크놀로지는 우리를 서로 같은 부류로 묶어 두고, 그 세계관 밖으로 나가는 데 어려움을 겪도록 만들 것이다.

젠트리피케이션은 도시의 중심으로 향하는 사람들의 집단지성이 부동산이라는 형태로 표면화하며 나타난 현상이다. 수많은 사람들이 모이면 그 속에서 '연결'이 이루어 진다. 또 그 속에서 '끼리끼리'가 구축된다. 영미권에서 등장하는 코리빙은 그 트렌드를 확실히 보여준다. 문화적 역량이 높아지면서 부각되는 재생건축과 개개인을 연결해 주는 공유 테크놀로지의 발달은 우리를 새로운 세상으로 안내한다. 도시에서 우리는 쏠리고(젠트리피케이션), 모인다(코리빙). 과거(재생건축)와 미래(테크놀로지)는 우리를 움직이게 하는 동인이다. 그것이 우리의 도시가 흘러가는 방향이고, 이 수요와 트렌드를 제대로 껴안아야만 도시의 재구성은 우리가 원하는 방향으로 이루어질 것이다.

도시의 재구성

초판 1쇄 발행 | 2017년 5월 29일
초판 3쇄 발행 | 2019년 6월 20일

지은이 | 음성원

펴낸이 | 한성근
펴낸곳 | 이데아
출판등록 | 2014년 10월 15일 제2015-000133호
주소 | 서울 마포구 월드컵로28길 6, 3층 (성산동)
전자우편 | idea_book@naver.com
전화번호 | 070-4208-7212
팩스 | 050-5320-7212

ⓒ음성원, 2017

ISBN 979-11-956501-6-3 03980

이 책의 국립중앙도서관 출판사도서목록(CIP)은 e-CIP(http://www.nl.go.kr/ecip)와
국가자료공동목록시스템(http://www.nl.go.kr/kolisnet)에서 이용하실 수 있습니다.
(CIP제어번호: CIP2017011226)

책값은 뒤 표지에 있습니다. 잘못된 책은 구입하신 곳에서 바꿔드립니다.

*이 책은 관훈클럽신영연구기금의 도움을 받아 저술·출판되었습니다.